U0729756

做林徽因
这样的女人

万俟兰———

著

天地出版社

图书在版编目（CIP）数据

做林徽因这样的女人／万俟兰著．—成都：天地
出版社，2016.6（2017年重印）

ISBN 978-7-5455-1994-5

Ⅰ．①做… Ⅱ．①万… Ⅲ．①女性—修养—通俗读物
Ⅳ．①B825-49

中国版本图书馆CIP数据核字（2016）第044290号

做林徽因这样的女人

著　　者	万俟兰	
责任编辑	郭　淼　孟令爽	
封面图片	壹　图	
封面设计	思想工社	
电脑制作	思想工社	
责任印制	葛红梅	

出版发行　天地出版社
　　　　　（成都市槐树街2号　邮政编码：610014）

网　　址　http://www.tiandiph.com
　　　　　http://www.天地出版社.com

电子邮箱　tiandicbs@vip.163.com

经　　销　新华文轩出版传媒股份有限公司

印　　刷　北京画中画印刷有限公司
版　　次　2016年6月第1版
印　　次　2017年10月第5次印刷
成品尺寸　165mm×235mm　1/16
印　　张　17
字　　数　227千
定　　价　39.80元
书　　号　ISBN 978-7-5455-1994-5

版权所有◆违者必究

咨询电话：（028）87734639（总编室）
购书热线：（010）67692522（市场部）

本版图书凡印刷、装订错误，可及时向我社发行部调换

人间四月天的美

　　胡适誉她为"中国一代才女"，她既是中国著名的建筑学家又是作家，还是中华人民共和国国徽和人民英雄纪念碑的主要设计者之一。她出身于富贵家庭，才貌双全，有三个非常杰出的男人爱了她一生，最终，她嫁给了名垂青史的梁启超的儿子。

　　林徽因是男人心目中的一个理想符号。

　　林徽因生命里的三个男人，一个是在专业领域的顶尖建筑大师梁思成，一个是浪漫诗人徐志摩，还有一个是为她终身不娶的学界泰斗兼哲学家金岳霖。她得到了一切她所想要的东西，享尽万千宠爱，她是那个时代优秀男人世界里的中心人物，她亦是女人世界里的佼佼者。

　　林徽因是一个传奇。在近现代史上，还鲜有哪个女人能像她那样，活着的时候，有那么多人，而且是名人围绕着她，爱着她，离开后，仍有越来越多的人关注着她的故事。有人说，做女子当如林徽因，俨然，这似乎已成为一个完美女人的标准。

纵观林徽因的一生，她的丰富经历，是从拥有一颗热情而饱满的心开始的。她虽不是以文字立身，但却是文学世界里的一朵奇葩，虽然她的作品个性味十足，但从中却能折射出一个时代的文化风向。时光流逝，伊人已远离，但其传世风华仍充盈人心，叫人难忘。

在古今中外的才女史上，林徽因从始至终都是那么婀娜多姿，令人驻足观赏，回味无穷。一个原本柔柔弱弱的女子，已经承载了常人所不能承受之重，然而，林徽因却能拿捏得恰到好处，她不但没有为此所累，反而走出了人生最美的弧线。

林徽因是充满智慧的，她不仅具有丰盈的浪漫与灵性，是出色的诗人和作家，还拥有严谨务实的秉性和理性的才思，是卓越的建筑家，她在两个原本不相关的领域里都做出了突出的贡献。

在上个世纪30年代的中国，林徽因成功地"导演"了"太太的客厅"。那个客厅不仅仅是生活的场所，也不单单是一般社交场合中的应酬场所，而是一个文化圈，是一个圈子聚会的平台。这个客厅已经脱离了普通的交际与接待客人的范畴，更不含有功利和无聊的成分，它是很多人事业的新起点和精神上的加油站。

这个"让徐志摩怀想了一生，让梁思成宠爱了一生，让金岳霖默默地记挂了一生"的女子，她的绝世风华、满腹才华不知倾倒了多少世间男子。她是人间四月天的美！

做女人就要做她这样的女人。

CONTENTS
目 录

第一章

北方有佳人，遗世而独立
——女人的美是风景而不是画面

美丽的女子千千万，关乎容貌、风情、姿态。一颦一笑，一声一语，皆成风景。也许，容貌不可变，但美丽的芳菲却有万万千，谁说一定要倾城又倾国？所谓红颜，莫不如是——林家有女初长成，举手投足皆成诗。

CONTENTS
日　录

第二章

捧兰心蕙质，驻书香悠长
——女人的修养是最美的容颜

女子，不可无智慧。时光会飞，容颜会老，美丽的保质期没有想象中那么长久。

拥蕙心入怀，伴书香入眠，收放自如，心怀广阔，便可收获人间四月天。

CONTENTS

目 录

第三章

相爱未必相守，相守便不相欺

——只有爱情让女人更生动

不是只要相爱就能携手一生，不是激情不再就要分道扬镳。爱情的事，没有想象中那么简单，那么不计后果。有过甜蜜、有过许诺、有过忧伤，不要忘了，爱情需要经营才会收获幸福。

CONTENTS
目 录

第四章

人生欲获幸福，便要相守相知
——婚姻的幸福就是他越来越爱你

　　婚姻，并不是爱情的坟墓。也许感情会倦怠，也许争吵会来临，若懂得相处之道，便没那么艰难，只要你遇到的不是万般难缠之人。坦诚、聪慧、真实，尽显相处的智慧。

CONTENTS
目 录

第五章

言谈话语之间，举手投足之间

——与人相交，生动充实

物以类聚，人以群分，你选择什么，就会成为什么。做一个能言善辩、聪慧优雅的女子，获得他人的尊重与认可，你的魅力便锐不可挡了。

CONTENTS
目 录

第六章

经万千繁华，归山花宁静
——享受生活，活出自我

如果你以为林徽因的生活无非是一些高朋满座的沙龙，估计是误解了。作为一个有品位有格调的文化人，她总能把生活过得有滋有味。一个可以看尽青春年少的繁华，又能甘心归于平淡生活的女子，可以带给你无尽的遐想。

北方有佳人，遗世而独立

女人的美是风景而不是画面

　　美丽的女子千千万，关乎容貌、风情、姿态。一颦一笑，一声一语，皆成风景。也许，容貌不可变，但美丽的芳菲却有万万千，谁说一定要倾城又倾国？所谓红颜，莫不如是——林家有女初长成，举手投足皆成诗。

先悦人，才能悦己

林徽因是一个传奇。在近现代史上，还鲜有哪个女人能像她那样，活着的时候，有那么多人，而且是名人爱着她，又有那么多的名人围绕着她，离开后还有更多的人关注她的故事。有人说，做女子当如林徽因，俨然，她似乎已成为一个完美女人的标杆。

如此完美的高度，常人只能仰望。

但若能捕捉一二，悟透了去，即便是完美的影子，或许也会为我们的人生增色不少。

散发光芒，才能吸引关爱

林徽因像一支蜡烛，借着她的光线，我们能够看到她身后的男人，那一连串闪耀着无限光芒的炫目名单：梁启超、梁思成、徐志摩、金岳霖、胡适、费正清、沈从文、张奚若……这些人要么名垂青史，要么才情四溢，且他们都无一例外地与林徽因保持着良好的关系。

北方有佳人，遗世而独立

有三个著名的爱情故事几乎妇孺皆知，都是那么荡气回肠，而且三个故事拥有共同的女主角，那就是林徽因。有人评论说，她与徐志摩共同出演的是一部青春感伤片，浪漫又悲伤；她和梁思成导演的是一部婚恋正剧，甘醇而绵长；而与金岳霖合演的则是一部地道的悲情小说，无奈又悲怆。哪一个故事拿出来都是一部巨著、大片。

林徽因取"悦"于太多的人，让他们悉数纳入了她的思维领域，甚至于，就连她的父亲——曾任北洋政府司法总长的林长民也说："做一个天才女儿的父亲，不是容易享的福，你得放低你天伦的辈分，先求做到友谊的了解。"

然而，林徽因能够受到那么多名儒文人的青睐，绝对不是她与生俱来的本事。

与徐志摩的故事，其实早在她正值豆蔻年华时就已经开始了。诗人用他超凡脱俗般的热情，向她发起"攻击"，林徽因亦被其所染，徐志摩的浪漫与清逸、激情与热度，都曾深深吸引了她。但是，最终林徽因选择了欣赏，她没有去把握这段情，她也没有像同时代的丁玲、石评梅、庐隐那样，大胆地追求所谓自由的爱。她的驻足观望，无疑也为她赢得了尊重，就连张幼仪也对她有着至高的评价。当张幼仪得知徐志摩所爱之人是林徽因时，曾说过："徐志摩的女朋友是另一位思想更复杂、长相更漂亮、双脚完全自由的女士。"

林徽因的朋友费慰梅曾这样说："我猜想，徐在对她（林徽因）的一片深情中，可能已不自觉地扮演了一个导师的角色，领她进入英国诗歌和英国戏剧的世界……同时也迷惑了他自己。我觉得徽音和志摩的关系，非情爱而是浪漫，更多的还是文学关系。"不难想象，只有十六岁的她，不可能有着太多世故的反应，即使是一时被徐志摩的气质、热忱和对自己的狂恋所迷惑，但她不过是个小女孩而已，她也只是欣赏对方的文采与痴情。而她的"悦"人，又为她揭开了后来一串串的故事。

　　徐志摩用他超凡脱俗般的热情，向林徽因发起"攻击"，林徽因亦被其所染，徐志摩的浪漫与清逸、激情与热度，都曾深深吸引了她。但是，最终林徽因选择了欣赏，她拒绝了徐志摩的爱情。

冷静自制，看清风花雪月背后的光景

时至今日，我们不难看出，徐志摩爱的也只是他自己虚构的文学人物，甚至是欧洲文学里的某个女主角，而林徽因却是活在现实中的人，她只是徐诗意世界里的一个影像。任何脱离现实考量的爱都有可能演变成一种无知与伤害，徐当时的疯狂已证明了这一点。他全然不顾妻子张幼仪已怀有身孕，全然不顾他已经是两个孩子的父亲，更令人不可思议的是，为了离婚，他逼着妻子堕胎，这已完全超出了现实中基本伦理道德的范畴。

林徽因当然不可能觉察到这一点，她虽然选择了自制，没步入徐构造的风花雪月中，但她也没否定徐的一切，这是她最难得的品质。在看透徐的"本质"的情况下，却还能和他一起组织新月社活动，一起演戏，一起愉快地合作，平时还常有书信来往，而且她在北京养病期间，徐志摩还经常去看望她。

越是得不到的，越是懂得珍惜，或许这是一种人性。徐志摩虽然没有使林和他走到一起，但他却更加爱她了，也或许，这就是悦人悦己的逻辑。我们姑且不去探讨人生的意义，但至少在林徽因的字典里，她是不可以不爱别人的，哪怕这种爱仅仅停留在意识的抑或精神的层面，好好爱该爱的人，其实就是好好爱自己，并做一个对得起自己的人。

1924年4月，64岁的印度大诗人泰戈尔访华，林徽因和徐志摩共同担任他的翻译，在北京欢迎泰戈尔的集会上，二人更是陪同左右。李欧梵在《浪漫一代》中说："林小姐人艳如花，和老诗人挟臂而行，加上长袍白面郊寒岛瘦的徐志摩，有如松竹梅的一幅岁寒三友图。"我们或许可以理解为，在文学的领域里，他们两个人是两情相悦的，而这样一幅壮美奇观的画面的确难免令人浮想联翩。

费慰梅在《梁思成与林徽因》一书中描述，5月20日是泰戈尔离开中国的日子，老人对于和林徽因的离别感到遗憾，年轻可爱的她一直不离左

　　1924年4月，64岁的印度大诗人泰戈尔（中）访华，林徽因（左一）和徐志摩（右一）共同担任他的翻译。林徽因的智慧与美展现得淋漓尽致，就连大诗人泰戈尔都受到了触动。

右，为他在中国的逗留增色不少。林徽因的"悦人悦己"可以说在这时候达到一种顶峰，就连大诗人泰戈尔也受到了触动。

而来自金岳霖的真诚情意也几乎令林徽因无法拒绝，以至于梁思成从外地回来时，她竟很沮丧地告诉他："我苦恼极了，因为我同时爱上了两个人，不知道怎么办才好。"这个问题无疑让梁思成感到非常震惊和意外，但他给了林徽因充分的自由，他告诉林徽因："你是自由的，如果你选择了老金，我祝愿你们永远幸福。"林将这些话转述给金岳霖，金的回答是："看来思成是真正爱你的，我不能伤害一个真正爱你的人，我应该退出。"

林徽因深爱着她的丈夫，但她同时也没有回避第三方的爱意，只是在行为上她把真正的爱情给了自己的另一半，而对第三个人，仍然仅仅是停留在"悦"的层面上，也或许正因为如此，她换来了金岳霖真正的爱，而且金岳霖坚持将对她的爱以终身不娶的方式进行到底。

在传统的定义里，一向是先悦己才能悦人，但智慧的做法是先选择悦人，林徽因如是，所以她和徐、金保持了最完美的关系。

悦人在先，便会换回他人更多的"悦"己

我们日常生活中所有的苦与乐其实都是自己选择的结果，一切的一切都因自己而起。当遭遇不顺时，我们没有任何理由去抱怨他人，其实抱怨往往是无济于事的，应该学会凡事先做自我检讨。我们或许应该先从悦人开始，做任何事和任何决定之前，先考量身边最亲近的人的感受，凡事悦人在先，那么换回来的就一定是他人更多的照顾自己、关心自己、"悦"自己。

徐志摩给大家留下的印象是，他愿意为林徽因鞍前马后，赴汤蹈火，在所不辞，而这些都是因为林徽因"悦"他在先。金岳霖再不对别的女人

动心，终生未娶，甚至视林梁的儿女如己出，也是因为林徽因"悦"他在先。他们不但在学问上互相讨论，有时梁思成和林徽因吵架时，金岳霖甘做一个仲裁者，这都是林徽因先"悦人"换来的结果。

做最好的自己，其实就是遵从先悦人才能悦己的逻辑，做事时充分地、始终如一地以悦人为前提，一贯到底。我们可能不曾经历林徽因般的传奇，但却能做到先悦人而后悦己，真正的爱自己从爱他人开始。照顾他人的感受，也就是照顾自己的感受，人的心灵都是有感应的，自己做出了优秀的榜样，那些在乎我们的人便会纷纷效仿，在乎我们的人也会更加在乎我们。

想让自己拥有和谐的人生与情感，先从悦人开始吧，它会为我们带来意想不到的收获，不要被一些事的表象所左右，越是自己想得到的，越要先让别人得到，给足别人，剩下的就全是自己的。有时候，给予仅仅是一种姿态，但却是爱人爱己的举动。

亲，记住，先悦人，才能悦己。

静思小语

做最好的自己，其实就是遵从先悦人才能悦己的逻辑，充分地、始终如一地以悦人为前提，一贯到底。我们可能不曾经历林徽因般的传奇，但却能做到先悦人而后悦己，真正的爱自己，从爱他人开始。

人间四月天——一颗热情饱满的心

纵观林徽因的一生，她的丰富经历，是从拥有一颗热情而饱满的心开始的。她虽不是以文字立身，但却是文学世界里的一朵奇葩，虽然个性味儿十足，但从她身上却能折射出一个时代的文化风尚。

时光流逝，伊人已远离，但传世风华仍充盈人心，叫人难忘。

林徽因跨越了属于她的时代，她不单单是那个时代的产物，更是一个世纪的传奇。

用热情筑梦，才能梦想成真

一个女子，应该是温婉的，诗情画意，静若鲜花，守护着一份安静和清纯，舒缓地看着时光老去，优雅地步入苍年。但林徽因是个例外，她的安静清纯并不完全是内心世界的写照，在她的纯美诗篇里，书写的是一个会筑梦的女子。

一个不到二十岁的文弱女子，居然立下学建筑的志愿，即便不在当时，就是在当下的时代，也是需要莫大的勇气的，若非家族承袭的原因，就是巨大热情的动力使然了。林徽因认为建筑是一个"把艺术创造与人的日常需要结合在一起的工作"，这项工作所需的不仅仅是奔放的创造力，更需要严谨的测量、技术的平衡以及为他人设想的构思。她充分尊重了自己的个性，并把一股热情完完全全地交给了它，她让自己的聪慧、才干和天分都得到了施展。

林徽因还以自己的热情影响到了梁思成。而当时的梁思成，"还在清华校园里又吹小号又吹笛，完全是一个兴趣未定的小伙子"，当他提出要承父业学西方政治时，被林徽因一票否决。当二人到谈婚论嫁的时候，她更是把梁思成必须去学建筑婚姻的"附加"条件。

梁思成自己也说："我当时连建筑是什么都不知道。徽因告诉我，那是融艺术和工程技术为一体的一门学科。因为我喜欢绘画，所以也选择了建筑专业。"在当时，女性能够通过对建筑学的热情以求自我实现，的确是种难得可贵的超越。

对于热情，并不仅仅是一个选择，而是一份坚持，在大风大雨下的坚持，在艰难险阻中的坚持，在百折不挠中的坚持，林徽因都做到了。

从1930年到1945年，她与梁思成共同走过了中国的15个省，200多个县，考察测绘了200多处古建筑物，获得了许多惊人的发现，甚至于，很多古建筑就是通过他们的考察才有机会得到了世人的认识并被加以保护的。这是中国古建筑之幸，也是中华文化之幸。

林徽因不但在建筑上倾注了很多热情，她还以极大的热情投入到了新中国的建设中。她参加了国徽图案的设计工作，源源不断地提出新的构思，并亲手勾画成草图。

在她的生命即将画上句点的时候，她还参与了人民英雄纪念碑的设计和建造，并亲自为碑座和碑身设计了全套的饰纹。她投入工作的状态真可谓是全神贯注，完全忘记了自己是一个病人。

　　一个不到二十岁的文弱女子，居然立下学建筑的志愿。林徽因认为建筑是一个"把艺术创造与人的日常需要结合在一起的工作"，她充分尊重了自己的个性，并把一股热情完完全全地交给了它，她让自己的聪慧、才干和天分都得到了施展。

恰似人间四月天的心，化解了很多无奈

一颗热情饱满的心，恰如人间四月天，能化解世间所有的不快与无奈。

梁思成说过："林徽因是个很特别的人，她的才华是多方面的。不管是文学、艺术、建筑乃至哲学，她都有很深的造诣。她能作为一个严谨的科学工作者，和我一同到村野僻壤去调查古建筑，测量平面爬梁上柱，做精确的分析比较；又能和徐志摩一起，用英语探讨英国古典文学或我国新诗创作。她具有哲学家的思维和高度概括事物的能力。"

的确，林徽因在诗中说："别丢掉，这一把过往的热情"。她的热情，不仅体现在对事业的追求上，还体现在待人处世上。

兄妹众多的梁家，家事自然也少不了。虽然有些时候林徽因也有许多困难，但她还是尽力去帮助他们。林洙是林徽因的远房亲戚，从老家千里迢迢来投奔她，从衣食住行到学业，林徽因悉数给予安排，而这个人后来成了梁思成第二任妻子。陈公蕙也是林徽因的亲戚，林徽因给她介绍对象，当她和对象发生矛盾而负气离去后，林徽因又和梁思成开车将她一路追回，终使二人和好如初，成就了一段美好因缘，而她的爱人在很多年以后犹自念及"要几辈子感谢林徽因"。

有这样的热情，怎能不让人喜欢呢？

在北平，林徽因的家成了著名的"太太的客厅"，在这个闻名遐迩的"客厅"里，四处洋溢着她的热情，有一段小插曲可以略见一斑。林徽因在给萧乾的邀请信中说："初二回来便乱成一堆，莫名其所以然。文章写不好，发脾气时还要沤出韵文！十一月的日子我最消化不了，听听风，知道枫叶又凋零得不堪，只想哭……萧乾先生文章甚有味儿，我喜欢。能见到当感到畅快，你说是否礼拜五，如果是，下午五时在家里候教，如嫌晚，星六早上，也一样可以的。"

萧乾看到这封信之后，惊讶于"太太"的热情。他当时得知林徽因的肺病已相当严重，以为她会穿着睡衣接待客人，没想到林徽因却穿了一套骑马装。由于出入"太太客厅"的都是圈子里的名人，初来乍到的萧乾一时还有些生疏，但林徽因的热情让他很快适应了客厅的氛围。

一位哲人说过："一个人可以没有权势，但他不能没有生活的热情。"一颗热情饱满的心，恰如人间四月天，能化解世间所有的不快与无奈。林徽因在病痛中度过的人生，她的热情给了她最好的关照。

热情是一种对生命的敬畏和对自我及他人的尊重。

走过披荆斩棘的岁月，热情能化解掉所有的苦与累

在一个女子的世界里，理想与现实的差距，往往体现在有生活的方方面面。当心中美好的憧憬与期待遇到现实的无情与残酷之后，我们可能会变得脆弱，变得不堪一击，令自己身心疲惫。而热情不再时，可能一切就真的如明日黄花了，倘若如此，我们生活的情调与所有的幸福可能也会随之一去而不复返了。所以，无论任何时候，都要有颗热情饱满的心，它是我们的希望，它是我们在最不如意的时候可以让我们翻身的力量。

林徽因命运多舛，李健吾曾这样感叹："时时刻刻被才情出卖的林徽因，好像一切多才多艺的佳人，薄命把她的热情打入冷宫。"他说热情是林徽因生活的支柱。她有足够的理由可以成为一个悲情诗人，但她并没有任凭命运折腾，更没有悲观，甚至于，我们从她的字里行间里几乎看不到任何悲观的情绪。她就是用一种热情对待所有的不幸，从而走出了亮丽的人生。

女人是需要有热情的，热情的女人会成为生活的中心，会成为他人生活的希望和方向，也是密切人际关系、创造和谐氛围的媒介。在社会交往中，我们可以用热情来传递情感、感染和影响他人，拉近与他人之间的距

离，也可以缓解各种紧张关系和矛盾，增进朋友间的友谊。

热情，的确会增加我们的幸福指数。人生中的高低起伏、坎坎坷坷本来就是它的常态，但所有的苦与累都不足以泯灭我们追求美好人生的信念，因为有热情。

人生因热情而有意义，因坚持热情而变得更有意义。林徽因用热情构筑了辉煌的事业，又用热情碾碎了生活中的所有不幸，成就了幸福的人生。你有热情，那些爱你的人和不爱你的人都愿意靠近你，都愿意伴你左右，这或许也是一种人性，毕竟任何人都需要温暖，都需要用热情点燃生活的活力。

一位哲人说："热情像燃烧的火炬，能照亮壮丽的人生；热情若鼓满的风帆，能开辟事业的道路；热情如香醇的美酒，能增添生活的乐趣；热情似金色的阳光，能给人以春天般的温暖。"人生，确实需要有热情常相伴，那就让我们保有热情，让日子过得更加精彩灿烂些吧。

静思小语

女人是需要有热情的，热情的女人会成为生活的中心，会成为他人生活的希望，也是密切人际关系、创造和谐氛围的媒介。在社会交往中，我们可以用热情来传递情感、感染和影响他人，拉近与他人之间的距离。

笑，是朵永不凋零的花

在古今中外的才女史上，林徽因可能是朵美丽的奇葩，自始至终都是那么婀娜多姿，令人忍不住驻足观赏，离开后又觉得回味无穷。她是名门之后，名门之妻。在她的生命历程里，还有一个风流倜傥、才华横溢的诗人和一个名垂青史的哲学家。一个原本柔柔弱弱的女子，已经承载了常人所不能承受之重，然而，林徽因却拿捏得恰到好处，她不但没为此所累，反而走出了人生最美的弧线。

我们无法企及，只能仰望。

情不知何所拒，以笑摊牌

林徽因与徐志摩的心灵触碰，是在国际联盟的一次演讲会上。林徽因在《忆志摩》一文中说，她初次遇见徐，是在徐初次认识狄更生先生的那次会见中，之后徐很快便向她发起了爱的攻势。一个是已婚的青年男子，一个是情窦初开的妙龄女郎，前者如火般的用情，令林徽因感到惊慌失

　　林徽因的美，让徐志摩痴迷不已。林徽因的笑，对于徐志摩来说，那是"笑得好像花儿开了一朵"。

措。尽管徐志摩之妻张幼仪来到了伦敦，随他搬到距离剑桥六英里的沙士顿乡下居住，但这期间徐志摩并没有中断同林徽因的通信联系。张幼仪在《小脚与西服》一书中说："几年以后，我才从郭君那儿得知徐志摩之所以每天早上赶忙出去，的确是因为要和住在伦敦的女朋友联络。"

一切似乎应该按照惯有逻辑发展，然而林徽因却没有偏离她的生命路线。她向徐志摩摊了牌，说她马上就要随梁思成去美国留学了，不可能和他走到一起，他们必须"离别"。林徽因后来在给胡适的信中说："旧的志摩我现在真真透澈地明白了，但是过去了，现在不必重提了，我只求永远纪念着。"这是林徽因的一种人生姿态。

面对徐志摩的热烈追求，林徽因或许是有感觉的，但她只是选择了笑看这段过往，并没有太当真。即便是到了美国，在她人生不如意的时候，也只是对胡适说："请你告诉志摩我这三年来寂寞受够了，失望也遇多了，现在倒能在寂寞和失望中得着自慰和满足。告诉他我绝对不怪他，只盼他原谅我从前的种种。"

一个女子，能够在寂寞中得到满足，这是怎样的一种笑看人生。女人若能在苦的时候，还"笑"得出来，也算是拥有莫大的勇气与魄力了。

1931年7月7日，徐志摩去探望林徽因，对着断墙上的残阳，对着断墙旁随风摇曳着的紫藤花，还有花的阵阵轻香，徐志摩凝神良久。下山之后，他在写给林徽因的信中说："我还牵记你家矮墙上的艳阳。"同年9月林徽因在《新月诗选》上发表经典诗作——《笑》，与其说是一首诗，不如说那是对她自己心理状态的一种描述，那是她自己纯美的笑，也是她对人生的笑，抑或是与徐的一种单纯的情感互动。

林徽因让这笑仅仅停留在某个精彩的瞬间，在两个独立个体的相同频率中静止，然后又让这笑光芒四射地发散开去，溅了这两个独立个体一身，仿佛是一种高度的默契。但对于林徽因而言，也只仅此而已，她的笑没有超出意识的樊篱，而在她的"笑意"下，诗人徐志摩的心也受到了感染，说她是"笑得好像花儿开了一朵"。

1931年11月19日，徐志摩在飞机飞行意外中逝世，似乎对林徽因也造成了心灵上的冲击，诗歌创作一度中断。她在《悼志摩》一文中说："朋友们，我们失掉的不止是一个朋友，一个诗人，我们失掉的是一个极难得可爱的人格。"这个"可爱的人格"，或许是林徽因《深笑》中所呈现出的纯真及纯美。

林徽因把传奇的经历塑造成了两个纯粹的人格世界，她的天生丽质及超人的才智变成了"可爱的梨涡"。她纯美的笑，也变成了一种永恒，变成了一朵永不凋零的花。

人格独立，才能用微笑打败流年

和徐志摩一样，金岳霖也是如此，一个哲学家，因为爱恋林徽因而终身不娶，几乎是"逐林而居"。在这位哲学家的眼中，这种一尘不染的笑，显然已经成为了一种艺术，或许值得他用一生去守护。

林徽因笑的艺术为她带来了足够的尊重，让最在乎她的人十分敬重她。这一点，如果我们学会了，也会令在乎我们的人给予我们更多的理解、尊重与呵护，令他们自始至终都在乎我们。

这是一种极难得的品质，尤其是在当下人伦道德不断遭到挑战的时期，在小二、小三儿日益盛行的今天，能够让在乎我们的人一如既往地爱下去、守护下去，这将是人生给我们的丰盛的回报与馈赠。

保持独立的人格，才能彼此审视对方，有足够的距离才能产生足够的美，越是保持与彼此之间的距离，越是让人心生向往。

在我们的一生中，有些感情注定是美丽而忧伤的，我们不得不面对现实。一如林徽因一样，当她得知徐志摩已经成家之后，毅然选择了不辞而别。她在笑意中寻求属于自己的幸福，守护住了自己的角色。其实我们每个人都一样，在人生的任何时候，都需要有"纯美"的笑，不该去跨越不该去的边界，在一次又一次的"诱惑"中应作出明智的选择。

如林徽因，面对惺惺相惜的人生知己，她选择了终身只做人生知己，而与丈夫相伴一生。也正是她的才华与忠贞，令徐深深敬重，令金深深地折服，金甘愿为她终身不娶。

或许，我们都会面对情感世界的"风吹草动"，或许我们会动摇自己的价值观，但最应该做的，可能就是执着于真正属于自己的幸福的信念。也只有这种舍得得当的勇敢追求精神，才能让自己的"笑"感染他人，从而产生一种力量，让他们更加注意你、在乎你。

在这里，笑是一种智慧，笑是一种人生姿态，更是对自己独立人格的肯定。我们都会在这样的笑中，把自己"笑"成一朵永不凋零的花！

静思小语

在我们的一生中，有些感情注定是美丽而忧伤的，我们不得不面对现实。一如林徽因一样，当她得知徐志摩已经成家之后，毅然决然选择了不辞而别。她在笑意中寻求属于自己的幸福，守护住了自己的角色。

少一些矜持，多一些率真

林徽因是矜持的，又是率真的，这让她成为很多男人心中美的化身，她的所有经历似乎都因之而被认为是经典中的经典。而率真无疑是她最可贵的品质之一，让她的美具有了钻石般的华彩与魔力。

矜持无疑是女人的一种美，但率真更是一种难得的可爱。

或许，当伊人已逝，所有的掩饰都不再有意义，于是大家可以看到一个真实的林徽因。有人认为林徽因的形象有点过于完美，但率真绝对不是她的刻意经营，她的率真是真实的、可爱的。

多一分率真，便多一分与众不同的魅力

一个集才情与美貌于一身的女子，完美可能只是形象的演绎，而在世人完美的概念里，率真也许只是生命本性的裸露。而非同一般的身世与出众的才华，使她常常如众星捧月般受人景仰，难免会被宠爱甚至有被宠坏的嫌疑。但诚如梁思成所说，林徽因虽优秀，但是脾气太急。这大概就

　　林徽因是矜持的，又是率真的，这让她成为很多男人心中美的化身。她的率真绝对不是她的刻意经营，她的率真是真实的、可爱的。

是她的丈夫在心目中对率真的一种解读吧，但不论怎样，梁选择了她的率真，并陪她度过了短暂却精彩绝伦的一生。

不同于陆小曼的奢华与林洙的温柔，林徽因的率真更多是她生命本性的一种流露，是一种自然的美态。

在1923年一次学生游行示威中，梁思成被军阀的汽车撞伤。林徽因每天都会去看望他，并坐在他的床前给他擦汗、扇扇子，还陪他一起读书。就是这样的动作让梁思成的母亲极为不满，因为当时二人尚未成亲，在今天再正常不过的事情，在彼时却明显有点"过火儿"，超出了那时道德观念与人文风俗习惯的承受范围。

梁母认为一个大姑娘家的，还没出阁，是不宜出现在伤卧在床又衣冠不整的未婚夫面前的，身为一个大家闺秀应该极为矜持、含羞回避才是，如此袒露情怀，成何体统呢？

然而这就是率真的林徽因，她丝毫不隐藏自己的真性情，她的这一点获得了老爷子梁启超的高度赞赏，他很骄傲地写信给大女儿梁思顺说："老夫眼力不错吧！"兴奋之情溢于言表，显然，在这个维新派眼中，林徽因的率真不仅仅是个性的流露，可能还会有"革命"的情操在里面，大抵会有些妇女解放的意味。这个故事已将林徽因的率真展露无遗。

率真往往能让人看到自己最真实的一面，从而得到他人的认可，并对自己产生好感。

在和同事相处的时候，林徽因利用她的博学多才，经常把一些历史故事及趣闻雅事讲给大家听，不但让人听了使精神得到放松，也会有所收获，大家都喜欢她。战时，林徽因曾在四川南溪县李庄镇上坝村避难，虽然生活很艰苦，但她同样把率真带到了那里，她总能很快地拉近与老乡们的距离，并让他们对她产生信任感。那些村姑和年轻媳妇，有什么悄悄话也总愿意和她一起分享。林徽因因此获得了极佳的人缘。

可见，在很多时候，少一些矜持，多一些率真，能换来真挚的情感。

率真总能给周围的人带来温暖，让不如意的人得到心灵的慰藉。

率真就像是春天，当寒冷逝去之后，留下的是嫩黄、温馨和活力。一个女人的率真会为她的生命增添更多的个人魅力，而一个率真的女子，会散发出与众不同的气质。

你若不打开心门，我焉知如何慰藉

当林徽因在美国留学期间遇到情绪低落的时候，她会发一封电报给大洋彼岸的大诗人徐志摩，向他倾诉自己的孤单与苦闷，并且会在电报中说，只有他的话语才能让她真正感到安慰。徐志摩听闻此言，自然是欣喜若狂，总是立即丢下所有的事情，甚至熬夜写下含情脉脉的文字，并赶在第一时间冲到邮局，恨不得马上把信发到林徽因手中。

邮局的工作人员看到此景，也是吃惊地不知说什么才好，人家告诉大诗人，就在那一天，早在他之前，已经有好几个人给林徽因拍电报了。徐志摩更是感到不可思议，当他查阅名单后，发现在他前面给林发电报的，没有一个是他不认识的，后来才得知，所有人都收到了同样的来信，信上都是同样的内容。

林徽因的率真就是如此表露的，表露得如此真实，她似乎根本无法容许自己有哪怕是一点点的不愉快，这到了有点近乎自私的地步。或许，在当时的美国，那种难以排遣的孤独对于一个远离故土的女子来说，有着巨大的杀伤力，如果还固守矜持，她就要疯掉了。

同时复制好几封信，在同一个时间，发给不同的人，她可以收到不同人的慰藉，这一点她伤不了别人，但却可以医好自己。抗战期间，林徽因曾在写给沈从文的一封信中说："我独自坐在一间顶大的书房里看雨，那是英国的不断的雨。我爸爸到瑞士国联开会去，我能在楼上嗅到顶下层厨房里炸牛腰子同洋咸肉的味道。到晚上又是在顶大的饭厅里独自坐着，一

　　林徽因说："理想的我老希望着生活有点浪漫的事发
生，或是有个人叩下门走进来，坐在我对面同我谈话，或
是同我同坐在楼上炉边给我讲故事，最要紧的还是有个人
要来爱我。"

个人吃饭，一面咬着手指头哭，闷到实在不能不哭！"这是她十六七岁在欧洲的生活画面。

对于一个富有才情的女子而言，郁闷是一种大敌，然而对常人来说，又何尝不是如此呢？我们好像一时一刻也离不开手机，不说远隔重洋，就是给我们半个小时的独立时间，恐怕也不知道做什么才好，若是多了矜持，少了率真，那也只有自己憋屈自己了。

尤其是女人，过多的矜持，良久的忧郁不能排出，久而久之就会助长性格灰暗面的滋生，也会加速自己的衰老。而率真一点就很好，让自己保持非常好的心情，从而更好地面对生活，是值得称道的选项。

率真是表达爱最好的方式

林徽因说："理想的我老希望着生活有点浪漫的事发生，或是有个人叩下门走进来，坐在我对面同我谈话，或是同我同坐在楼上炉边给我讲故事，最要紧的还是有个人要来爱我。"一介才女"希望着生活有点浪漫的事发生"一点儿也不过分，属于人之常情，她还希望"有个人要来爱我"，这样的率真使女主人公显得更加可爱与楚楚动人。

然而谁人不是如此呢？恐怕每个人都希望有浪漫的事发生在自己身上吧，不说女人，就是纯爷们儿也想有浪漫的事情光临自己。又有谁不希望"有个人"爱自己呢？在这世上，能有一两个我们在乎的人爱我们，我们就会幸福得忘乎所以了。

太多的时候，我们不缺物质的恩赐，少的是心灵与精神上的抚慰，而当越来越多的人朝着物化生活行进时，人们在心理的层面上也会越来越多地选择矜持与沉默，为了不使自己受伤，那就只好把自己隐藏得很深很深，有时深到连我们身边的人也感受不到我们真实的存在。

有一个故事写得确实太好了，实在忍不住拿来一用。这个故事是这样的：曾经有一位武士犯了重罪，是要杀头的，王后亲自处理此事，她让武士回答一个问题，如果答对了，就不砍他的头，如果答错了，可能他的小命就没了。王后问："什么是女人最大的心愿？"武士回答说："有人爱她！"由贵妇人组成的审察团经过慎重的讨论，一致认为他说出了女人们的心声，武士因此得以保全了性命。

可见，渴望被爱是一种普遍的人性，希望有人爱更是女人们共同的心愿，而率真则无疑是爱的最好的表达方式之一。林徽因"组建"了"太太的客厅"，给名流们提供了一个交流的空间，若非率真使然，一个充满矜持的女子恐怕是不会轻易开放自家的客厅的。

其实所谓率真无非就是真性情，《中庸》里说："天命之谓性，率性之谓道，修道之谓教。"意思是说，人的自然禀赋叫作"性"，顺着本性行事叫作"道"，按照"道"的原则修养身心叫作"教"。这句话很明白地告诉我们，用真性情去生活才能找到人生的真谛。

率真的女人有人爱，告别"畏畏缩缩"，脱掉"瞻前顾后"，大胆坦露自己的心思，打开心门，敞开心扉，让更多的人看到我们真实的自己，爱便会常伴我们左右。

静思小语

为了不使自己受伤，只好把自己隐藏得很深很深，有时深到连我们身边的人也感受不到我们真实的存在。但率真往往能让人看到自己最真实的一面，从而得到他人的认可，并对自己产生好感。在很多时候，少一些矜持，多一些率真，能换来真挚的情感。

外柔而内刚

古今中外的才女，大多有着柔弱的风骨，而林徽因则是个外柔内刚的女子。出身优越的她，其实完全可以呆在家里当阔太太，但她却选择了建筑这一艰苦行当，并在当时的历史背景下成为中国首席女建筑专家。

林徽因出生于江南，水乡赋予了她诗情画意与不尽的柔情，秋月春风的日月滋养，也造就了林徽因的温柔与聪慧。烟雨江南与倾城绝代的女子向来是绝妙的搭配。她的温柔让人对她的爱欲罢不能，所以才留下了大诗人"最是那一低头的温柔"这样经典的诗句。

她让自己的性情在社会生活中得到了足够的展露和磨砺。

内心的刚强是立世之本

为了躲避战乱，在最艰苦的时候，林徽因和梁思成蛰居乡下，当时他们的生活很不如意，经常处于困顿的状况中，而林徽因又是贫病交加。他们还常常需要面对生死考验，因为日本的轰炸机会时不时地从他们头上飞过。就在如此险象环生的情况下，林徽因却能泰然自若地在信里写下这样的文字："思成是个慢性子，愿意一次只做一件事，最不善处理杂七杂八的家务。但杂七杂八的事却像纽约中央车站任何时候都会到达的各线火车一样冲他驶来。我也许仍是站长，但他却是车站！我也许会被碾死，他却永远不会。"

显然这是她对正常生活的一种描述，战争的危机好像不会波及她，而日本的轰炸机也好像是个摆设似的。在那样危机四伏的背景下，她却依然柔情似水，这确实是一种境界。

"温柔要有，但不是妥协，我们要在安静中，不慌不忙地坚强。"林徽因这样说。温柔是有度的，而刚强则是一直要有的，无论在什么样的境况下。

1937年，林徽因从佛光寺调查归来，曾写信给在北戴河居住的女儿梁再冰说："如果日本人要来占北平，我们都愿意打仗，那时你就跟着大姑姑去她们那边，我们就守在北平，等到打胜了仗再说。我觉得现在我们做中国人应该要顶勇敢，什么都不怕，什么都顶有决心才好……你知道你妈妈同爹爹都顶平安的在北平，不怕打仗，更不怕日本。"

林徽因的内刚是发自骨子里的，是种天不怕地不怕的刚强性情。

梁从诫回忆母亲时谈道："有一次我同母亲谈起1944年日军攻占贵州独山并直逼重庆的危局，我曾问母亲，'如果当时日本人真的打进四川，你们打算怎么办？'她若有所思地说，'中国念书人总还有一条后路嘛，我们家门口不就是扬子江吗？'我急了，又问，'我一个人在重庆上学，那你们就不管我啦？'病中的母亲深情地握着我的手，仿佛道歉似的小声地说，'真要到了那一步，恐怕就顾不上你了！'听到这个回答，我的眼泪不禁夺眶而出。这不仅是因为感到自己受了'委屈'，更多地，我确实被母亲以最平淡的口吻所表现出来的那种凛然之气震动了。我第一次忽然觉得她好像不再是'妈妈'，而变成了一个'别人'。"

这个有点弱不禁风的女子，她的外柔竟然是儿子眼中"平淡的口吻"，而她的内刚则有一种大义凛然的气魄，而她则是二者的有机统一体。一个真正外柔内刚的人是经得起命运考验的，它是生命的本态，不会因受到外部的压力而中止。

强大的是理智的不屈

一个外柔而内刚的女子在做事时，绝对不是由着性子的坚持，而是基于理性的判断。

有一次，大汉奸汪精卫之妻陈璧君要在梁再冰就读的小学演讲，林徽因得知情况后，坚决不让她去听那次演讲，当时年幼的孩子非常不解："同学都去了，为什么我不能去？"但林徽因依然坚持自己的意见。后来林徽因才知道，在梁再冰班里，就她和张奚若的儿子张文朴没去，她很欣慰。国难当头，她怎么能容许自己的孩子去听主和派汉奸老婆的演讲呢？

当外界的变化违背了自己内心的评判标准时，却不会屈尊俯就，依然"刚"性不变，这是一个女子最可爱的地方，也是最值得人们敬重的品质。一个卓越的灵魂是可以战胜自我并超越自我的，而超越自我的部分就会在"刚"性里发酵、升华，从而使其成为一个高尚的代表。

上个世纪五十年代初期，在文物保护问题上，林徽因与当时的官员产生了严重分歧，已经病入膏肓的她仍然为保护北京建筑做了犀利的辩护。她对他们说："你们拆的古董至少有八百多年历史，有一天后代子孙懂得了它们的价值之时，你们再建的就是赝品、是假古董。那一天会来的！"针对乱拆古建筑，林徽因深为伤感，她居然能拍案而起，指着当时的历史学家兼副市长吴晗的鼻子，厉色怒斥，已经弱不禁风的她一点儿也不像生病的样子。

在林徽因生命中的最后一个冬天，梁思成在波涛汹涌的批判大潮中病倒了，她努力用生命中最后的热度，当面向有关负责人驳斥他们对丈夫的种种批判，同时也为自己做了义正词严的辩护。

一个外柔而内刚的女人，在关键时刻，有着清晰的思路，那也是一种所向披靡的勇气。林徽因的"内刚"可以用嫉恶如仇来形容，就连她的父亲也深深佩服她这一点，称"她的敏捷锐利，鞭辟入里，不是不让须眉，简直是让须眉汗颜"。

女人，的确亦应该拥有傲骨和不屈不挠的斗志。

以"外柔"打开社会之门，以"内刚"站稳脚跟

一般来说，女孩子的性格千差万别，几乎没有相同的，但总的来说，外柔内刚的女子还是比较全能的。

外刚的女人往往会给人一种望而生畏的感觉，绝对不是男人心目中理想的"菜"。外刚可能很多时候被解读为一种豪爽或者真诚，但与男人的"刚"多少有些冲突，毕竟男人天生喜欢征服女人，即便是女人比他强，他也不希望女人表面上就能胜他一筹。这也是男人在女人面前的"面子"，不能不引起重视。

而外柔的女孩子就是另外一片天地了，外柔本身就相当于一扇敞开的大门，随时欢迎男人走进她的世界。沐浴享受女人所有的温柔，这对男人始终具有一种无法抵抗的"杀伤力"。林徽因能够让三个优秀的男人同时深爱着她，其柔的功夫可见一斑。在现代社会，外表柔和是女人手中永不褪色的王牌，如果把它再发挥得淋漓尽致一些，女人自然在任何场合下都会有更多一点的制胜筹码。

女人可能会面临生活及职场或者商界打拼中更多的自我挑战，要经得起失败，而且是不断的失败，才能叩开成功的大门，在这样的过程里，需要能耐得住一轮又一轮的挑战。林徽因上得厅堂，下得厨房，能够于寂寞中

泰然自若，的确不是内柔者所能经受得起的。

而内刚的女人，不管是在男人世界还是在女人世界中，到哪儿都有应对自如的力量。内刚是一种气质，有时候是一种霸气，这种霸气足以让男人唯命是从、俯首称臣，它是一种在举手投足间流露出来的魅力——足以让男人崇拜的魅力。

其实，作为一个女人，没有人不希望做到外柔而内刚的，做事时表面上宠辱不惊而骨子里铮铮作响，这样的风度多么让人迷恋。不过这种本领也不是一朝一夕所能练成的。我们的性情很多时候是由我们的思维习惯、价值观和本能统合而成的。如何让自己的情绪和内心的感受以最佳方式释放出去，在这个过程中展示出真实的自己，这需要人际交往过程中的一种外柔内刚的技术。

所以，我们选择用外在的柔弱给他们以温暖，用内刚来坚守自己的底线，进退自如。当然，若想真正如林徽因一样做到外柔内刚，还需要不断地修炼和提升自己的素养，这样才能达到她的高度与境界。

静思小语

"温柔要有，但不是妥协，我们要在安静中，不慌不忙地坚强。"温柔有度，最好是刚柔并济。若想真正如林徽因一样做到外柔内刚，还需要不断地修炼和提升自己的素养，这样才能达到她的高度与境界。

行走在理性与感性之间

林徽因是充满智慧的，丰盈的浪漫与灵性，使她成为出色的诗人和作家；严谨务实的秉性和理性的才思，成就了她建筑家的卓越。理性和感性使她在两个原本不相关的领域里都做出了突出成绩。她不但较好地处理了和丈夫之间的关系，还理智地将其他感情拿捏得恰到好处。

理性与感性在林徽因心底合二为一，她能够行走于理性与感性之间，不跨越园囿而又游刃有余，这的确是项技术活儿。

以感性去相爱，以理性去生活

林徽因的少女时代与徐志摩有过一段真挚的情谊，年方十六岁的她，远渡重洋，遇到一个风度翩翩的才子，如果说一点不动心，可能也不太现实。徐志摩也肯定给林徽因带来了一段快乐的时光，他对林徽因的爱也是真切的，如若不然，他也不会为了得到林的允诺，硬逼怀了孕的发妻离婚，并且在报上刊登离婚通告，成了中国离婚第一人。如此高调地离婚，自然是为了给林徽因一个明确的表态，促使她下决心走进他的生活。

作为一介女子，又是豆蔻年华，林徽因当然有着感性的萌动，但后来理性占据了上风。后来，林徽因曾对自己的儿女说："徐志摩当初爱的并不是真正的我，而是他用诗人的浪漫情绪想象出来的林徽因，而事实上我并不是那样的人。"可见，林徽因当时对来自徐的爱已然有了清醒的判断。

事实不光如此，徐志摩已经结婚不说，当时门当户对的梁林两家之前就有婚约在先。除此之外，林徽因在英国已决定学习建筑学，并且她一生中确实一直把建筑学自己的主打事业在做，大诗人徐志摩不大可能为她去学建筑学，而梁思成则很爽快地答应了她。

林徽因在诗中说："我是天空里的一片云／偶尔投影在你的波心／你不必讶异／更无须欢喜／在转瞬间消失了踪影／你我相逢在黑夜的海上／你有你的／我有我的方向／你记得也好／最好你忘掉／在这交会时互放的光芒。""你有你的，我有我的方向"，在关键时刻，林徽因的理性战胜了感性，作为女人，能做到这一点确实相当不容易。

林徽因的理智简直是出类拔萃的，她与梁思成不仅有良好的感情基础，又志趣相投，徐的爱热烈狂放，有着瀑布般的豪情，梁的爱却如涓涓细流，舒缓而悠长。一个是瞬间的精彩，一个是永久的相守，她作出了理性的判断，从而实现了感情生活与事业的平衡。

林徽因与梁思成看似四平八稳的生活并未平静，一个痴情的金岳霖又闯进了她的世界，这对她又是一个莫大的考验。她的感性使她无可救药地被金岳霖吸引，又为他而深深陷入痛苦，甚至不能自拔，而她的理性又让她和他保持着足够的距离，一直都没有行为上的"犯错"。

林徽因把自己的真实感受告诉了丈夫，在这一点上，她是理性的，也是感性的。理性的是她在心理上没有私设感情的"橱窗"，感性的是她像小女孩一样向爱人坦露心扉。所以她获得了金岳霖对她的倍加呵护和梁思成的终生相伴。三人间彼此信任有加，甚至夫妻二人吵架时，她也是找理性冷静的金岳霖充当说客。

左手理性，右手感性，不偏不倚，这是一个女人的智慧。

有人说，如果林徽因更感性一些，或许她就成了陆小曼，同时还可能仅仅是一个卓越的诗人和作家，如果她更理性一些，可能她仅仅会成为一个建筑学家，而她的诗作与那些闻名于世的爱情故事可能就不会发生在她身上了。

行走在理性和感性之间，这成就了林徽因一生的传奇。

能够将建筑学家的求实精神和文人的浪漫气质糅合得浑然一体，在古今中外的历史上，恐怕是不多见的。林徽因将文学与建筑学融合得十分完美，她在《深笑》一诗中写道："是谁笑成这百层塔高耸，让不知名鸟雀来盘旋？是谁笑成这万千个风铃的转动，从每一层琉璃的檐边摇上？"此诗将古塔、檐边等建筑元素融入了诗作中，别致、新颖而充斥着灵动的韵味，采用感性的笔法将富有理性色彩的建筑元素融入了作品。

林徽因在《平郊建筑杂录》中说："无论哪一座巍峨的古城楼，或一角倾颓的殿基的灵魂里，都在诉说，乃至于歌唱。时间上漫不可信的变化，由温雅的儿女佳话，到流血成渠的杀戮……眼睛在接触人的智力和生活所产生的一个结构，在光影恰恰可人中，和谐的轮廓，披着风霜所赐。"建筑是凝固的音乐，她能把枯燥的学术论文写成活灵活现的美文，赋予那些木石结构以灵性，用理性的思想奏出了感性的韵律。

林徽因在《你是人间四月天》中写道："我说你是人间的四月天；笑音点亮了四面风；轻灵在春的光艳中交舞着变。"这无疑是种感性的表达，这种感性就是一个女子真性情的体现。

她没有选择徐志摩，却给了他足够的关注与欣赏，她没有选择金岳霖，却给了他充裕的敬仰与尊重，她较好地把握着建筑与文学之间的尺度，感性十足，却从没有放弃理性。她将自己的理性散播于中国的15个省、200多个县，理性地实地勘测了2000多处古代遗存建筑和早期造像石窟。

能够兼顾到理性与感性的人生是美满的人生、和谐的人生，这些，林徽因做到了。

完美女人要学会自由行走在感性与理性之间

作为女人，可能会沉湎于风花雪月中，甚至陷入情感诱惑中而无法自拔，但理性帮女人们摆脱了千百年来的视野局限，使她们用聪慧的头脑将感性置于理性之中，将理性收纳于感性之间，从而使自己左右逢源。

有位哲人也说过："男人不需要有深度的女人，只需要有弧度的女人。女人，如果不性感，就要感性；如果不感性，就要理性；如果不理性，就要有自知之明；如果一样都没有，那会很不幸。"女人，太感性或太理性可能都不完美，但是女人要感性也要理性却是不争的逻辑。

在生活中，感性的女人很容易感情用事，也容易陷入情感的"牢笼"不能自拔，或者会烈火焚心、痛不欲生，在日常事务或者事业上，也可能会一想到什么就大张旗鼓，缺乏清晰理智的规划，容易盲目冲动，到头来，满腔热血都会付诸东流。过于感性的女人常常会游离于现实与精神的边沿，偶尔脱离了现实，生活在浪漫的精神国度，这就是徐志摩理想中的"女神"化身。

理性女人生活在纯粹的现实之中，柴米油盐，家长里短，崇尚灰白格调。太过理性的女人，常常缺少情趣，这样的女人会令很多男人望而却步，也会令女人们感到不舒服。

感性女人爱做梦，喜欢像装扮空间一样装扮自己，她会把自己打造成一道亮丽的风景，几多缠绵，几多迷离，容易融入他人的故事，她还可能会把自己想象成某个爱情故事中的女一号，还可能会因为韩剧里的故事悲伤不已。

只有感性与理性交相辉映，才是饱满圆融、生动真实的女人。

行走于人生路上，我们要做融感性与理性于一体的完美女人。

女人的感性，是一种诗意的浪漫情调，女人的理性是一种聪明美丽、高雅自信的写意，女人有必要让自己拥有这种让男人不可抗拒的力量。

女人可以效仿林徽因的优雅，做她那样的精致女人，成熟而不做作，风情万种而不矫情。

作为女人，无论你有多么感性，无论感性让你多么可爱、多么富有魅力、多么惹男人垂爱，任何时候都不要把理性彻底丢掉。无论你有多么理性，无论你爱得多么谨慎，有多么强势、多么坚强执着，做人做事多么有原则，又是多么才华横溢、追求完美，都不要放弃感性。

女人有时候可以理性成一篇纪实散文，有时候可以感性得如一首抒情小诗，精致之余，又富有悠远、婉约的色调。行走在理性与感性之间，做一个值得男人用一生去阅读的女人！

静思
小语

作为女人，无论你有多么感性，无论感性让你多么可爱、多么富有魅力、多么惹男人垂爱，但任何时候都不要把理性彻底丢掉。

捧兰心蕙质，驻书香悠长

女人的修养是最美的容颜

　　女子，不可无智慧。时光会飞，容颜会老，美丽的保质期没有想象中那么长久。

　　拥蕙心入怀，伴书香入眠，收放自如，心怀广阔，便可收获人间四月天。

要容貌，也要智慧

林徽因秀外慧中、多才多艺、才貌双全，是美貌与智慧并存的鲜有化身。林徽因的容貌，既秉有大家闺秀之风度、江南女子之秀气，又有着中国传统女性所稀有的独立精神和现代气质，而智慧就更不用说了。

林徽因的容貌绝对不是天下无双的，她的智慧也绝对不是古今中外历史上女人世界的旷世奇葩，但唯有她，让大诗人徐志摩想念一生，让梁启超之子梁思成宠爱一生，让大哲学家金岳霖记挂一生，也不知让多少后来的男子仰慕着。

容貌与智慧并存，才能赢得丰盈人生

有人说，比林徽因漂亮的女子没有她有才，比她有才的女子没有她漂亮，而既漂亮又有才的女子大多是交际花。

在文学创作史上，漂亮的女作家的确不多，有一种说法是，漂亮的女子多陶醉于自身姿色，光凭漂亮的容貌就会有无数名士达人围绕左右，衣食无忧，白白让自己的容貌成为掘取人生财富的资本，而没有像林徽因那样驾上智慧的翅膀，从而让人生大放异彩。

林徽因的智慧处处可见。她是中华人民共和国国徽的主要设计者之一，人民英雄纪念碑图案的主要设计者之一，且为抢救民族工艺品景泰蓝做出了不懈努力。身为一个大国的顶级建筑师之一，任何一项成就都足以让她名垂青史，更不用说她在诗作方面的成就了。

林徽因20岁就以卓越的才华闻名于北京上层文化圈，她业余创作出的文学作品甚至都超过了专业水准，其题材更是涉及诗歌、散文、小说、戏剧多个领域，在当时的作家圈中声名大作。显然，她是个既有容貌也有智慧的女子。

如果林徽因没有较好的容貌，缘何会让风流诗人徐志摩那么狂热地迷恋她呢？即便是情人眼里出西施，一个十几岁的女子除去青春的活力，恐怕就是容貌不凡使然吧。而林徽因的容貌也绝对不是仅有姿色而已，更多的还是有一种内在气质的流露。

王贵祥在《林徽因先生在宾夕法尼亚大学》中讲到一个美国女孩心目中的林徽因是"一位高雅的、可爱的姑娘，像一件精美的瓷器"。当时在美国留学的林徽因，正值青春年华，如此形容，虽简练，却也形象传神。

不仅青涩时代如此，结婚生子后的林也依旧是容光不变。有文为证。

郭心晖女士形容说："1932年或1933年，林徽因到贝满女中为我们讲演'中国建筑的美'。她穿的衣服不太多，也不少。该是春天或秋天，当时这类活动一般都排在上午，在大礼堂。我们是教会学校，穿着朴素，像修女似的。见到林徽因服饰时髦漂亮，相貌又极美，真像是从天而降的仙女。林徽因身材不高，娇小玲珑，是我平生见的最美的女子。她讲话虽不幽默，却吸引人。当时我们似乎都忘了听讲，只顾看她了。"

在《人们记忆中的林徽因》中也有记录。女教授全震寰先前曾听过林徽因讲课，她在书中说："林徽因每周来校上课两次……谈笑风生，毫无

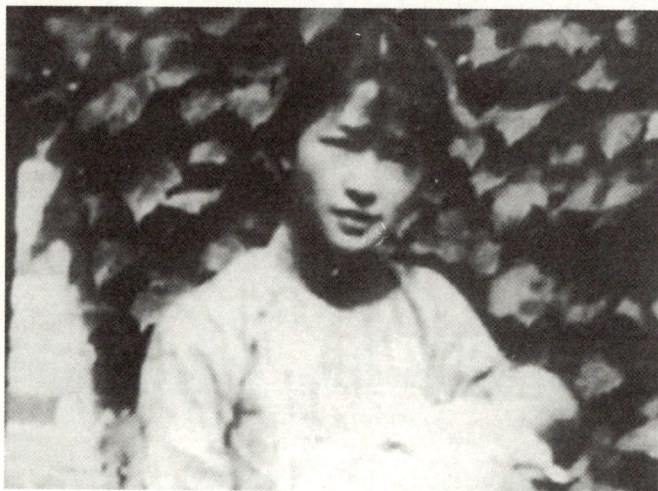

　　林徽因的容貌随着她的成熟，越来越多的是她智慧的流露，她的智慧是一种大度的美。林洙说："我承认一个人瘦到她那样很难说是美人，但是即使到现在我仍旧认为，她是我一生中所见到的最美、最有风度的女子。她的一举一动、一言一语都充满了美感。"

架子，同学们极喜欢她。每次她一到校，学校立即轰动起来。她身着西服，脚穿咖啡色高跟鞋，摩登，漂亮，而又朴素高雅。女校竟如此轰动，有人开玩笑说，如果是男校，就听不成课了。"

当时的林徽因正值而立之年，风姿绰约，如果单靠外貌恐怕难以给人留下此印象。

作家赵清阁描述中年的林徽因："林女士已经四十五岁了，却依然风韵秀丽。她身材窈窕，穿一件豆绿色的绸晨衣，衬托着苍白清癯的面色，更显出恹恹病容。她有一双充满智慧而妩媚的眼睛，她的气质才情外溢。我看着她心里暗暗赞叹，怪不得从前有过不少诗人名流为她倾倒！"

还不仅如此，重病在身的林仍是："那俊秀端丽的面容，姣好苗条的身材，尤其是那双深邃明亮的大眼睛，依然充满了美感。至今我还是认为，林徽因是我生平见过的最令人神往的东方美人。"（文洁若《才貌是可以双全的——林徽因侧影》）

显然，林徽因的容貌随着她的成熟，越来越多的是她智慧的流露，因智慧而生出无限的亮丽与光彩，她的智慧之美是一种大度的美。

林洙在《困惑的大匠梁思成》中说："我承认一个人瘦到她那样很难说是美人，但是即使到现在我仍旧认为，她是我一生中所见到的最美、最有风度的女子。她的一举一动、一言一语都充满了美感……她的眼睛里又怎么能同时蕴藏着智慧……感受到的则是她带给你的美，和强大的生命力。"林的智慧与美貌，使她成为人人心中的"女神"，连梁思成第二任妻子林洙也不例外。她有美貌，也有智慧，这两点，为她赢得了丰盈人生。

女子凭着一张俊俏的脸可能会赢得他人的赞叹，但如果缺少了智慧的"扶持"，就很难让自己的形象达到一定的高度。智慧是一张王牌，它能让你永远美丽，永远焕发着魅力的光彩。

不要纯粹以美貌去赢得男人心

在林徽因的事业生涯中，她或单独或与梁思成合作发表了《论中国建筑之几个特征》《平郊建筑杂录》《晋汾古建筑调查纪略》等有关建筑的经典文籍，她还为研究我国古代建筑必读的重要工具书《清式营造则例》一书写了绪论。在她并不算长的一生中，还先后发表了几十篇作品，在上个世纪30年代就享有"一代才女"的美誉，并被列入当时出版的《当代中国四千名人录》，与冰心、庐隐并称为"福州三大才女"。

如果说美貌有更多先天的成分，而智慧则需要更多实力的展示。

有句话说"女人头发长，见识短"，是对缺乏智慧的女人的一种说法。女人如果片面追求容貌，至多也只是个花瓶，年轻的时候或许会倾倒一大片，但却无法抵挡岁月的刀痕，毕竟岁月像把刀，刀刀催人老。女人无论怎么保养、怎样整容，时间的冲刷都会让红颜褪去。当这一刻来临的时候，当初那些因你美貌而来的男人也会因你美貌不再而离去，无论当初他承诺如何爱你，因为他的喜欢只是建立在你的美貌上。

只有用你的智慧才能得到男人的真爱

有一种说法认为，不美丽是女人绝对不可以容忍的事情，但没智慧绝对是男人不可以容忍的事情。只有有智慧的女人才能真正赢得男人的心，并能够长期在男人心中拥有不可替代的地位。所以对女人来讲，千万不要纯粹以美貌去赢得男人心，要美貌，也要智慧，要用智慧去赢得男人对自己的真爱。

智慧让一个女人在不同的时期、不同的年龄段甚至不同的地方都焕发出不同的风姿，从而让富有气质的容貌"青春永驻"，使得女人"头发长，见识也长"。

一个要容貌也要智慧的女人，也能使她身边的男人变得卓越。像林徽因那样，她影响了丈夫的志向，并与她一起在相同的方向取得了不凡的成就，同时也收获了幸福美满的人生。和貌美的女人生活在一起，男人能够满足面子的需求，而和美貌与智慧兼有的女人在一起，男人会有一种如沐春风的感觉，无论成败得失，他都会感到幸福。

女人要有美貌，也要有智慧。因为男人是视觉动物，女人要想吸引男人的目光，就要有男人所钟情的色彩和画面，所以女人要时时记得装扮自己，时时把自己最好的一面展示给在乎自己的人，通过打扮以扬长避短，向男人展现属于自己的美丽，并且通过穿衣打扮，让自己身上富有智慧的地方发光，在举手投足间都洋溢着自信和智慧的风采。

做一个女人，不仅要关注美貌，时时记得认真打扮自己，更要注重丰富精神世界，在言谈举止中流露出端庄典雅的智慧光芒。

静思
小语

女人要容貌，也要智慧。因为男人是视觉动物，女人要想吸引男人的目光，就要有男人所钟情的色彩和画面，所以女人要记得时时装扮自己，时时把自己最好的一面展示给在乎自己的人。

书香，不得不闻

林徽因在民国初期就被认作"中国第一才女"，出生于书香门第的她不仅是诗人、作家，还有教授、建筑学家等光辉的头衔，她是一个集多种才气于一身、吸收了东西方文化之精华的一位新女性。

"你是一树一树的花开，是燕在梁间呢喃，——你是爱，是暖，是希望，你是人间的四月天！"这是林徽因创作的诗句，让多少人低回吟咏，它是这位奇女子才情的缩影。能够拥有如此成就，不是与生俱来的才能，这与她博览群书有很大的关系。

出生于杭州陆官巷的林徽因，父亲林长民是清末民初政坛上的风云人物，其大姑母伴她走过了启蒙教育时代。林徽因异母弟林暄回忆道："林徽因生长在这个书香家庭，受到严格的教育。大姑母为人忠厚和蔼，对我们姊兄弟亲胜生母。"这位大姑母为林徽因后来的成就埋下了最初的基石。

由于父亲时常在外，林徽因六岁大的时候就开始为祖父代笔给父亲写家信了。祖父去世后，父亲常在北京忙于政事，全家人住在天津，时年十二三岁的林徽因几乎成了家里的主心骨，早早地承担起了家庭的责任。定居北京以后，林徽因进入教会办的贵族学校——培华女子中学读书，这所教风严谨的学校让林徽因受到了良好的教育。

读书可以让女人更优雅

但凡优秀的女子，一般都有着良好的幼年教育，长大后，拥有一定的文化意识，所以才拥有日后旺盛的才气与气场。

1920 年春，林徽因随父亲远赴欧洲。林长民告诉女儿："我此次远游携汝同行，第一要汝多观察诸国事物增长见识；第二要汝近我身边能领悟我的胸次怀抱……第三要汝暂时离去家庭烦琐生活，俾得扩大眼光，养成将来改良社会的见解与能力。"这是林父对女儿的期望。

林徽因坐在去欧洲的船上，面对大海，她有生以来首次扩大自己的视野，世界的宽广令她胸襟大开。

抵达欧洲之后，天资聪慧的林徽因源源不断地汲取来自异域文明中的文化养分，扎实的英文功底使她能轻松翻看英文书籍。与英国人沟通之余，也能自由地阅读，她研读萧伯纳的剧本，并逐渐领略到欧洲文学的真谛。

吸纳不同国家文明的结晶，的确能够延展我们的思路，培养更科学的思维方式，为我们待人处世、考量世界提供了更多的参照。

后来，林徽因考入了爱丁堡的圣玛丽学院，在这之前，父亲为她雇了两名教师辅导她英语和钢琴，所以在这所学校，她的英语口语更加娴熟、纯正了。同样是在伦敦，受女建筑师的影响，林徽因确立了投身于建筑科学的志向。

读万卷书，行万里路，人们的所见所闻会改变人的一生。林徽因的这段经历，其实是她辉煌人生的前奏曲。

　　林徽因生自书香门第，受过良好的教育，她不仅是
诗人、作家，还有教授、建筑学家等光辉的头衔，她是一
个集多种才学于一身吸收了东西方文化之精华的一位新女
性，在民国初期就被认作"中国第一才女"。

徐志摩发现年方十几岁的林徽因读过很多书，她能和他一起谈论作家的作品，甚至是外国的原著，这令他感到很吃惊。的确，当时的林徽因对文学作品的理解能力超出了同龄人很多倍。当徐告诉林徽因他最喜欢的诗人是拜伦、雪莱和济慈时，林徽因居然能立即用英语背诵出他们的作品来，这也可能是徐对她产生浓厚兴趣的主要原因之一吧。

林父说，林徽因的博闻强记令人惊异，无论是济慈、雪莱，还是勃朗宁、叶赛宁、裴多菲、惠特曼……在以林家为中心的小文坛上，如果有谁记不住、背不出的诗句，林徽因都能准确无误地背出来。当她用英文朗读诺贝尔奖获得者、爱尔兰诗人叶芝的《当你老了》这首诗时，在座的陈岱孙、金岳霖也被感动得泪流满面，可见其阅读功底之深厚、感染力之强。

给自己留一点读书的时间

曾几何时，我们远离了书香，或忙于工作，或忙于家庭琐事，读书已经成为一件奢侈的事情。给自己一点点时间，让自己徜徉在书的世界里，在字里行间汲取营养，为自己的人生增添一份内在的韵味。

一本好书，就像一座灯塔，会在茫茫黑夜中给我们指明奋斗的方向。莎士比亚说过："生活里没有书籍，就好像生命没有阳光；智慧里没有书籍，就好像鸟儿没有翅膀。"由此可见，书籍在我们生活中多么重要。读书可以让女人更优雅，好书可以滋养人们的心灵，让你不断完善自己。

古人一句"女子无才便是德"，粉碎了数千年来多少女子的梦想，而如今，我们生活在开放的年代，断不可不闻书香，不然也就成了古代那"无才"的女子，岂不可怜至极？

"茶亦醉人何需酒？书能香我何需花？"做一个书香女人，傲立繁华，阅尽苍生，去体悟人生的极致与妙处。在我们的人生里，多一些缱绻，多一分遐想，多一分浪漫，少一些纠缠，少一分妄为，少一些苍白。

广闻书香，让自己汲取更多的能量，绝对不要苟延残喘地去拉住一个爱情乌托邦不放，而要努力去摘取幸福的鲜草。时间长了，我们的骨子里会增加更多的从容、淡定、自信与坦然，当岁月老去，收获的是从容与优雅。

女作家毕淑敏认为："淑女必书女。"林徽因之所以为林徽因，因为她先让自己成为一个"书女"，而后她成为了一个著名的淑女。她的酸甜苦辣，她的喜怒哀乐，她的悲欢离合，都在书香中化作了一个个耐人寻味的传奇故事。

冰心说："我永远感到读书是我生命中最大的快乐！"书香中的女子是温和的、善良的、宁静的。书给了女人富有女人味儿的底蕴，给了女人温文尔雅与善解人意，令女人成为男人心目中永远的亮丽风景。

岁月沧桑，时光荏苒，摧毁的是女人的容颜，厚厚的粉底也无法掩盖逝去的青春，曾经的美丽已不再，再好的脂粉恐怕也难修饰布满皱纹的面容。但时间再无情，也削不去"书女"的风姿，也无法冲淡书香里走出来的女子的雅致和轻盈。

书香，不得不闻

"腹有诗书气自华"，唯有书香女人才能用知识读懂人生的内涵，并拥有一定的深度。书香能遮掩女人容貌的瑕疵和无情岁月的痕迹。

其实原本优秀的我们，每个人都是一本耐读的书。只是有的人把自己做成了杂志，有的人把自己打扮成了一份报纸，有的人把自己打造成了一部经典著作。有的人值得他人读一辈子，有的人只是让人轻轻一页翻过就再也没有新的内容了。而书香是让女人拥有各种优雅味道的原料，什么样的女子都少不了他。

女人要学会让自己在书香中变得富有内涵，首先就要读懂什么是真正的自尊、自立和自爱，而后做自尊、自立和自爱的女人。透过书香，女人要学会面对任何事情时都要透过它的表面看到它的本质。女人要让自己站得高、看得远，要从不断的阅读中，懂得站在一定的高度才能去阅尽山顶的风景。

通过读书，女人要学会明智，从而打造女人特有的温婉、知性与时尚，让自己始终以优雅形象立于他人心中。

哈尔滨市三名知名女校长在"女性与阅读"论坛上给女人们提出了一个很好的建议：女性每天读书不应少于30分钟。女性如果不读书，没有知识，就会变得无知、肤浅、粗俗，就会被时代所抛弃。女人的气质是阅历的积淀和智慧的凝结，而书香能让女人淡去人生的浮尘，达至"清水出芙蓉，天然去雕饰"的美境。

多闻闻书香吧，让自己忘记无关紧要的琐事、毫无意义的苦恼与不时闯入生活的忧伤，于书香中静心安神。诚如三毛所说："但觉风过群山，花飞满天，内心安宁明净却又饱满。"女人要在书香中锻炼自己的思维，看清人事沉浮，看淡花开花谢。

现代女人，书香，不得不闻。闻书香，许自己一种幸福人生！

静思小语

诚如三毛所说："但觉风过群山，花飞满天，内心安宁明净却又饱满。"女人要在书香中锻炼自己的思维，看清人事沉浮，看淡花开花谢，许自己一种幸福人生！

有了才艺，才能成为焦点

被胡适誉为"中国一代才女"的林徽因，似乎在她的创作生涯中都活在焦点里。

的确，在民国时期的著名才女中，她的才艺较之其他才女显得更全面。她是最早加入了"新月社"的成员之一，除了在建筑学上的卓越成就，她在诗歌、小说、散文、戏剧、绘画、翻译等方面的成就也是令人叹为观止的。

她几乎是一个时代的象征，她的格调成了那个时代的标志，她的才艺为那个时代留下了最浪漫的倩影。

实际上，林徽因向来是一个圈子的中心，不管是远远向往着的粉丝，还是登堂入室步入她的"太太的客厅"的来客。

我们所能看到的画面，总是一群男粉丝围绕着她，用柔和的目光仰望着她，像绿叶一样烘托着她这朵倾城倾国的红花，而如众星捧月般的景仰使她愈发显得婀娜多姿，楚楚动人。

这就是成为一个焦点女人的幸福人生，才艺就是她的光环。

有才艺的女人，往往令人神往

1924年4月23日，泰戈尔访华，当时的上流社会惊叹她为"人艳如花"。费正清说："她是具有创作才华的作家、诗人，是一个具有丰富的审美能力和广博智力活动兴趣的妇女，她交际起来洋溢着迷人的魅力……她所在的任何场合，所有在场的人总是全都围绕着她转。"能有如此的魅力和魔力，光凭清新亮丽的相貌是断断不可能的，才艺才是她傲然屹立于众人之上的最大资本。

细数那些相貌身段皆标致的女子，能成为焦点的无不因为有着非凡的才艺。虽则天下美好的事物都有令人赏心悦目的一面，而单纯的"美"不是悦目，"才艺"才是让人觉得最赏心的。

恰如林徽因，她既耐得住学术的单调和寂寞，又受得了生活的艰辛和流离。在穷乡僻壤，她虽历经繁华，但也会在大街上亲自提瓶子打油买醋.在被爱慕者包围的沙龙上，深得东西方艺术真谛的她，一样颇受人们的欣赏。

虽然投身于建筑学，但她还写得一手音韵极佳的新诗，以她为中心，聚集了一大批当时中国的一流文化学者，除了大诗人徐志摩和在学界颇具声望的哲学家金岳霖，还有政治学家张奚若、文化领袖胡适、美学家朱光潜、经济学家陈岱孙、国际政治问题专家钱端升、物理学家周培源、哲学家邓叔存、社会学家陶孟和、考古学家李济、作家沈从文和萧乾等，她被人仰慕着，簇拥着，"粉丝们"好像都倾倒在她的美丽里。

在她的"客厅"里，就连梁思成和金岳霖"也只是坐在沙发上吧嗒着烟斗，连连点头称是"。能有如此功力，的确非才女莫属。

在那些由茶香点缀的星期六下午，精英们陆续来到梁家，谈古论今，纵论天下事，而思维敏锐的林徽因总是提出和捕捉话题的高手，她超人的亲和力、调动客人情绪和调节气氛的本领，都在"操持"着谈论的话题，使之既有思想深度，又有现实广度，既有理论高度和学术专业度，又有强烈的可操作性。而林徽因所处的这个圈子，也因之影响力越来越大，渐成气候，成为20世纪30年代北平最有名的文化沙龙，人称"太太的客厅"。

在这个客厅里，林徽因是当之无愧的"女一号"。

很多文学青年对之心驰神往，当时的文学青年萧乾，是"客厅"的座上客之一，他对于当时的场景曾有这样的描述："几天后，接到沈先生的信，大意是说，一位绝顶聪明的小姐看上了你那篇《蚕》，要请你去她家吃茶。星期六下午你可来我这里，咱们一道去。那几天我喜得真是有些坐立不安。老早就把我那件蓝布大褂洗得干干净净，把一双旧皮鞋擦了又擦。星期六吃过午饭我蹬上脚踏车，斜穿过大钟寺进城了。两小时后，我就羞怯地随着沈先生从达子营跨进了总布胡同那间有名的'太太的客厅'。那是我第一次见到林徽因。如今回忆起自己那份窘促而又激动的心境和拘谨的神态，仍觉得十分可笑。"

女人的才艺，确实是有着非同一般的"杀伤力"的，它是一把精神利器，令人"臣服"。

有才艺的女子，往往面面俱到

但真正有才艺的女子，才艺往往不是体现在某一个领域或者某一个单一的方面。

1927年，林徽因与梁思成结婚时，她一样没走寻常路，而是亲手设计了自己的婚礼服。她的那身礼服颇有东方神韵和富有内在美的审美趣味，较好地兼顾了现代与传统、西方与东方，其出奇的美曾吸引大批的加拿大新闻摄影记者。

林徽因除参加了中华人民共和国国徽的设计外，还涉足演艺行业，她曾主演了当时观众为之轰动的武侠影片《火烧红莲寺》及《啼笑姻缘》

《空谷兰》等名片。虽然1955年4月1日她病逝于北京，但她主演的《木兰从军》在新落成的沪光大戏院却连续客满三个月。如果是专业的演员，达到如此奇效，已是不易，更何况只是一个建筑学家、诗人、作家，她的才艺有一定的深度，挚友金岳霖上挽联"一身诗意千寻瀑，万古人间四月天"，一点都不夸张。

才艺是女人的第二张面孔，你可以长得不漂亮，但不可以没有一点才艺。

青春易逝，唯才艺不衰。

上帝都眷顾有才华的女子，男人也会为之倾倒

聪明的女人，懂得用有才艺的头脑去开拓属于女人的那半边天，用才艺来编织自己的锦绣人生。女人与生俱来的灵性是获得才艺的重要基因，或琴棋书画，或吹拉弹唱，或烹饪出美味的饭菜，或制作出精致的手工艺品，或写得一手好字等，不一而足，都会为我们的"身价"加码。

才艺可以吸引男人的心，因为才艺女人往往懂得如何生活，如何给平淡的生活增添情趣，而现实生活中，很多女人往往缺的就是那点小情调。

没有女人不希望自己被男人好好地宠爱的，只是我们必须学会如何把自己装扮得与众不同。相貌会随着年华而老去，美貌留不住男人的心，而才艺则不然，才艺只会随着使用得越来越多，会变得越来越精，越来越纯熟，绝不会随着时光流逝而消失。倘若我们在言谈举止之间、一颦一笑之中都充满了女人味和诗情画意般的温馨，岁月不但不会夺去我们的光环，还会给我们更多的馈赠，它留给我们的是更多的光彩。

这样的女人，到哪不是焦点呢？哪个男人不向往呢？

处于焦点中的女人是幸福的，也很有品位，因为她拥有的才艺散发着光芒与魅力。

　　有才艺的女子，总能给人以神秘感，仅仅是看到她们的才艺，就足以让人产生强烈的期待，更不用说引得多少男人倾倒和爱慕了。

　　虽然我们的容貌不能得到绝大多数男人的肯定，但独到的才艺却能填补我们人生的缺憾。我们不能在寂寞中随波逐流，而要用自己的兴趣爱好浇灌生活之树，用我们的才艺为单调的生活增添无限的趣味。

　　如此，我们不怕不能成为焦点。

　　我们要学会用才艺诠释女性的魅力，为我们的温柔妩媚平添些许才气，展示出我们独有的风韵。

静思
小语

　　她的才艺有一定的深度，挚友金岳霖上挽联"一身诗意千寻瀑，万古人间四月天"，一点都不夸张。才艺是女人的第二张面孔，你可以长得不漂亮，但不可以没有一点才艺。因为青春易逝，唯才艺不衰。

学识，是最好的门面

在梁思成的眼里，林徽因"是个很特别的人，她的才华是多方面的。不管是文学、艺术、建筑乃至哲学她都有很深的修养……她具有哲学家的思维和高度概括事物的能力"。可见，林徽因的学识是很渊博的。

林徽因的学识体现在很多方面，她不但是一个才华横溢的诗人、睿智的评论家、风趣的沙龙演说家、思路严谨的教授、思想活跃的知识分子，更是一个卓有成就的建筑学家。

她的经典诗作《你是人间的四月天》：

我说你是人间的四月天/笑音点亮了四面风/轻灵在春的光艳中交舞着变/你是四月早天里的云烟/黄昏吹着风的软/星子在无意中闪/细雨点洒在花前/那轻/那娉婷/你是鲜妍/百花的冠冕你戴着/你是天真庄严/你是夜夜的月圆/雪化后那片鹅黄/你像/新鲜初放芽的绿/你是柔嫩喜悦/水光浮动着你梦中期待的白莲/你是一树一树的花开/是燕在梁间呢喃/你是爱/是暖/是希望/你是人间的四月天。

　　林徽因的学识体现在很多方面，她不但是一个才华横溢的诗人、慷慨睿智的评论家、风趣的沙龙演说家、态度严谨的教授，更是一个卓有成就的建筑学家。

这是新月派诗歌的杰出代表作，此诗玲珑剔透，意象错落有致，得到了著名诗人卞之琳的好评："并非形上的诗，不外露的诗。"

林徽因的学识也秉承了父亲的很多基因。

其父林长民是民国初年知名的逸士和政客，少年时的林长民在林氏家塾中读书，得闽中名士林纾的真传，同时也学习了最初的西学知识。林长民曾为苦学英文和日文而放弃科举考试，为此林徽因的爷爷林孝恂还为他请了两位"洋老师"，此后赴日留学，就读于早稻田大学预科及大学部政经科。

林长民就是个学识渊博的才子，因此对林徽因更是寄予厚望，要将毕生所学及先进观念都传授给她。

出身不重要，重要的是你要成为能令大家折服的人

一个女人，要有一定的学识，有好的环境很重要，因为人都是环境的产物，有了良好的学习知识的环境，自己又肯学习，自然会成为一个有学识的人。

著名作家萧乾在《一代才女林徽因》中写道："我们还常在朱光潜先生家举行的'读诗会'上见面。我也跟着大家称她（林徽因）做'小姐'了，但她可不是那种只会抿嘴嫣然一笑的娇小姐，而是位学识渊博、思想敏捷，并且语言锋利的评论家。她十分关心创作。当时南北方也颇有些文艺刊物，她看得很多，又仔细，并且对文章常有犀利和独到的见解。对于好恶，她从不模棱两可。同时，在批了什么一顿之后，往往又会指出某一点可取之处。……一九三五年七月，我去天津《大公报》编刊物了。每个月我都到北平来，在来今雨轩举行个二三十人的茶会，一半为了组稿，一半也为了听取《文艺副刊》支持者们的意见。小姐几乎每次必到，而且席间必有一番宏论。"

在萧乾的眼里，林徽因不仅学识渊博，而且严谨细腻，对创作的参与度也很高，"对文章常有犀利和独到的见解"，能做到这一点，绝对不是光凭一腔热情就可以的。

深受东西方艺术熏陶的林徽因，拥有众多的仰慕者，并且在她家著名的"太太的客厅"里，聚集了包括朱光潜、沈从文、巴金、萧乾在内的一大批文坛名流，所谈领域涉及文学、艺术、诗歌等，渊博的学识为她装点了最好的门面。

而且，她将"把艺术创造与人的日常需要结合在一起的工作"作为自己的主要职业，同丈夫一起创办了清华大学建筑学系，又一起留下《论中国建筑之几个特征》《晋汾古建筑预查纪略》《中国建筑史》等珍贵的建筑学史料。

有人将梁思成与林徽因、钱钟书与杨绛、吴文藻与冰心、沈从文与张兆和合称"民国四佳配"。

傅斯年说林徽因："今之女学士，才学至少在谢冰心辈之上。"当时既有人将林徽因、庐隐、冰心合称"福建三才女"，还有人将她与张爱玲、萧红、石评梅合称"民国四才女"。这都是对她学识方面的高度认可与肯定。

1937年11月，林徽因曾险些被炸弹炸到，但在那样的当儿，她却能读出莎士比亚名剧《哈姆雷特》里那句著名的台词："To be or not to be, that is the question！"她的学识已经成为骨子里的一个情结，随时都能显露出来。

其实，一个女人如果拥有了美貌，自然会平添更多自信，但是一个女人若拥有了学识，就相当于拥有了最好的门面，学识是一个女人的内在修养，是滋润女人心田的一汪甘泉。

如果说女人拥有美貌能带来瞬间的愉悦的话，那么学识则会带给一个女人永远的美。

有学识的女人值得男人珍爱一生

林徽因能够在那个时代在她所能衍射到的圈子里"呼风唤雨"，是因为她有"东西"，她脑子里的"东西"能吸引他们。

丰富的学识不但会使女人变得很独立，很有主见，还会在美貌的基础上，使女人平添几分柔情和典雅。

的确，学识是女人最好的门面，它能令你谈吐不凡，让所有的话语从你口中说出来，如同春雨般沁人心脾。不论在何时、何种场合，女人都可以依据自己的知识，发表自己独特的看法和独到的见解，像林徽因一样，成为驾驭话题的高手。当别人不知如何解决问题时，你已经根据自己的经验和积累，快速辨明问题、解决问题了。

女人的学识是优秀男人的巨大财富，林徽因成就了梁思成，也以"太太的客厅"为中心，滋润了很多文人雅士的心田，给了他们成功时的激励和心灵受伤时的抚慰，值得他们用一生去珍藏。

有学识的女人往往对经营生活驾轻就熟

学识，并不是饱览诗书、满腹经纶，它是女人一种内在的气质，是女人们在生活细微之处的智慧和美丽的展示。

《荀子·修身篇》说："是是非非谓之知，非是是非谓之愚。"有学识的女人首先拥有明辨是非的观念和辨别善恶的能力。如果一个女人是非不明、不知好坏、不辨邪正，当然没有智慧可言，自然也不是真的有学识。

做就要做通达事理的女人。有些人比别人懂的东西多，却养出了贡高我慢之心，到最后只知书本知识，而不识世间人情，甚至自恃有些小聪明，做些悖理违情之事，结果聪明反被聪明误，落得个曲终人散的结局。

"世事洞明皆学问"，真正的学识是通情达理，女人要学会对人、事、物的尊重，这才是学识的真正意义。

一个女人的学识，除了先天受到良好的教育与教养之外，大部分是靠后天环境养成的，它需要长期的积累与沉淀。

女人若徒有美丽的外表，不过是个空壳而已，没学识的女人，美丽也是苍白的。有学识的女人，才是最美丽的女人。

静思
小语

学识，并不是饱览诗书、满腹经纶，它是女人的一种内在气质，是女人在生活细微之处的智慧和美丽的展示。女人要让学识在我们身上闪现出睿智的光芒，做一个有门面又体面的女人。

强大，而不强势

林徽因的内心是强大的。一个出身于江南的女子，一生中相当长的时间都在与病魔做斗争，单薄而瘦弱的身体，支撑着一个强大而不强势的灵魂。不管身边是什么样的男人，她从不去依附，坚持做独立的自己。

她赢得了朋友们的爱和尊重。她的朋友们甚至一辈子都没改变过对她的初衷。

一个因美丽博学而成为焦点的女子，被男人们围着，她首先是强大的，但生活在光环之中，总免不了会有些自恋，强势一点儿似乎在所难免，但若真的强势起来，仗着名门出身和沙龙漂亮女主人的身份说事儿，恐怕会吓跑很多人，那样就少了她原有的娇人与艳丽。林徽因在强大与强势之间，守护住了一个极难得的平衡。

内心强大的女人很难为世界所羁绊

一边是新月派诗人的杰出代表人物，一边是建筑学家和教育学者，卧病六年，在李庄那个偏僻贫穷、食药匮乏的小镇，几乎每天敌人的轰炸机都会隆隆而过，她还要养活两个孩子，在那样的状况下，她还花费了大量心血，与丈夫共同完成了《中国建筑史》一书。她是内心真正强大独立的女性，她的目光始终朝向自己的理想，根本不会被眼前的困扰与小女人的内心世界所羁绊。

或许，正因为林徽因的心胸宽广，造成了她内心的强大，成就了她在人群中的光辉形象，那是一种人格魅力。

一个处于非稳定岁月中的女子，最终却能成为一个真正自由独立的女人，除了令人敬佩外，还有大家对她的爱与怜惜吧。

女人的强势会把所爱的人狠狠地推出去

在林徽因的一生中，她总是有做不完的事，外出考察、写考察报告、教学、写作、和沙龙中的朋友以及学界同仁交流等，她似乎超越了一个女人的普通职责，忽略了家庭的义务，成了一个强势的女子。

林徽因曾这样表述自己内心的矛盾："每当我做些家务活儿时，我总觉得太可惜了，觉得我是在冷落了一些素昧平生但更有意思、更为重要的人们。于是，我赶快干完手边的活儿，以便去同他们'谈心'。倘若家务活儿老干不完，并且一桩桩地不断添新的，我就会烦躁起来。所以我一向搞不好家务，因为我的心总有一半在旁处，并且一路上在诅咒我干着的活儿（然而我又很喜欢干这种家务，有时还干得格外出色）。

"反之，每当我在认真写着点什么或从事这一类工作时，同时意识到我怠慢了家务，我就一点也不感到不安。老实说，我倒挺快活，觉得我很明智，觉得我是在做着一件更有意义的事。只有当孩子们生了病或减轻了体重时，我才难过起来。有时午夜扪心自问，又觉得对他们不公道。"

其实不仅是女人，任何人只要强大起来，就都会有强势的可能，要做到强大而不强势，确实不易。

梁思顺是梁启超的大女儿。1935年，梁思顺的女儿周念慈在燕京大学读书期间，爆发了"一二·九运动"，她从学校跑回城内林徽因的家里住着，这件事让梁思顺非常生气。梁思顺深夜来到林徽因家，大声斥责周念慈，说她既然那么喜欢跑出来找舅舅、舅妈，为什么不让他们给她出学费，然后拉着哭泣的周念慈就走，边走边说她能到这里学到什么好……让她看看二舅的那些朋友，连婚姻都不相信了，能学到什么。

林徽因明白梁思顺说的是金岳霖，说道："赶快走吧，不要说些不三不四的话了。"

梁思顺曾极力反对梁思成与林徽因的婚事，尽管她说的话含沙射影，尚有积怨在心，但听着那些"不三不四的话"，林徽因并没有同梁思顺大动干戈，已经是天大的忍了，一点儿也没表现出强势的样子。

在最艰难的李庄，林徽因几乎日日咳血，天天在生死线上挣扎，没有电，没有水，但当外国友人邀请他们去美国定居的时候，林徽因拒绝了。她说，中国在受难，她要与自己的祖国一起受苦。当有人问她"日本人来了怎么办"时，林徽因平静地说："门外不就是扬子江？"俨然一个英雄的对白。

这位中国历史上第一个坐在祈年殿屋顶上的女人，从没有忘记自己是妻子，是母亲，是挚友，她努力将每一个人生角色都"演"到极致。

她的强大使她不必在任何一个男子的庇护和怜悯下没有自我地活着，她的强大让男子想要接近，却只能敬而远之。她总是隐藏着内心深处的奢华，以静谧的优雅，成就了女人们所孜孜以求的最高境界，她用自己的言行举止书写了男人们理想伴侣的样子。

林徽因总是能够做到不瘟不火、不平淡亦不浓烈，她依靠却不依赖、独立而不独断，她用自己的方式爱着那些爱她的人。她的爱，既不伤害自己，亦不伤害他人，就像投入水面的石子，只是荡起阵阵涟漪却不会掀起波浪。她强大，因而敢把自己置身于男权世界，她不强势，处处能以柔克刚，让男人们集体奉她为一个圈子的中心。

不刻意掩饰内心的脆弱，还要懂得隐藏自己的锋芒

我们都应该像林徽因那样去生活，做一个拥有强大内心的女人，做一个不咄咄逼人的女人，用内在的强大支撑起我们的温柔与韧性，不紧不慢、沉着而淡定地活着。

林徽因说"因为懂得，所以慈悲"，她从不去争执和碰撞。做一个强大的女子，或许说起来容易，做起来却很困难。男强女弱是一种固态的认知，而强大，很多时候只是男人的一种特性，是男人世界的专利。而女人如果想真正强大起来，又难免不强势，但如果以强势来维护来之不易的强大，往往就会令男人敬而远之。

强大是一种力量，强大的女人，她的灵魂是站着的，她懂得如何坚定地追寻自我，如何实现自己的梦想，如何以宽广的胸襟和不凡的见识让人心悦诚服。她能够对敌人也有着深刻的理解和包容，尊重所有的差异。

的确，强大应该是我们内心追求的目标，要做就做一个像林徽因那样眼神妩媚而内心强大的女子。

而强势的女子，多半自以为是，喜欢到处指手画脚，干涉别人的事情。我们当放弃所有强硬的作风，还不要去刻意掩饰内心的脆弱。我们应该体谅男人的"尊严"，不要用强势划开同男人之间的距离，而要用如同花儿一般的情感去滋养温润他们的人生。我们不要把什么事情都自己一个人解决了，从来不让男人觉得他们在我们的生命中没有立足之地。

我们要懂得适度装傻，将所有的强势打入地下。因为强势的女人总是喜欢用自以为聪明的行为战胜男人，从而让他们觉得害怕。相反地，适时地忍气吞声，得理而又饶人，反而会令男人更爱我们。

女人太强大，本来就不是太好的事情，因为男人都希望我们不要太强，所以我们应该懂得隐藏自己的锋芒，不要把所有的事情都追根究底问个一清二楚，就算我们天生有一双洞察世事的火眼金睛，也要睁一只眼闭一只眼，得饶人处且饶人。

虽然强势可以让我们获得更多的优越感，但男人其实更希望被依赖。男人都喜欢自己的女人小鸟依人般的依偎在他们身边，所以我们要隐藏强势。

静思
小语

内心强大的女人，她的灵魂是站着的，她懂得如何坚定地追寻自我，如何实现自己的梦想，以宽广的胸襟和不凡的见识让人心悦诚服，她能够对敌人也有着深刻的理解和包容，深深地尊重所有的差异。

站在别人可以仰望的高度看世界

林徽因的一生是辉煌灿烂的，她个人也是令绝大部分知识分子所倾慕的。她将毕生的精力都献给了祖国的建筑科学事业。

这样的女子是被人仰望的，因为她一直站在别人可以仰望的高度看世界。

站在怎样的高度，取决于自己

也许是专业性太强的缘故，林徽因在她的主业建筑师领域所取得的骄人成绩不常为人道，倒是她的业余爱好——数量并不算多的诗歌、小说广为流传，她在人们心目中的形象，更多的是个才华横溢的才女。

据说林徽因从美国哈佛大学读完建筑学，回国后是有机会赚钱的。但是她放弃了，却去清华大学创建了建筑系，这在当时有着如此建设性的考量与决定，不仅仅需要一种眼光，更需要一种责任感和使命感。

高度是自己打造的，不是他人给予的。林徽因没有享受先天优越的条件，而是选择了重塑人生高度。

林徽因后来为了保存北京的古建筑，不惜与当时的政府官员拍桌子叫板，甚至蒙受了不白之冤，有人说她和梁思成是封建主义的残留，为了表明自己的清白与傲骨，林徽因在病重的时候甚至一度拒绝用药，完全将生死置之度外。

在1947年病危时，林徽因以为自己不行了，她作出了一个惊人的决定，特地让人请来徐志摩的前妻张幼仪母子，虽然彼时她身体虚弱到几乎不能说话，但依然认认真真打量了眼前的两个人。

针对此情此景，张幼仪说："我想，她此刻要见我一面，是因为她爱徐志摩，也想看一眼他的孩子。她即使嫁给了梁思成，也一直爱徐志摩。"至于林徽因婚后是否还一直爱着徐志摩，我们且不多说，单说她这一点，毕竟她与徐有着一段情缘，并且彼此在精神的层面上有较多的默契，虽然故人已去，但她心里还记挂着他与他的家人。

也或者，她因当年与徐的交往，使得当时已怀有身孕的张幼仪同他离婚，虽然不是她的过错，但却是与她有些关系，林徽因对她抱有怜悯之心。爱也好，无奈也罢，林徽因都尽了自己的一份人情。

高度并非高不可攀，需要自己的努力

林徽因有着文人的浪漫情怀，但她更是一个活在现实里的女人。浪漫，只是她生活里的一剂调料而已，她把浪漫的点滴融入了日常生活里。但她不会为浪漫而活，而是努力去追求更多现实的价值和稳定的生活。一个各方面都优秀的女人，有足够的条件将浪漫进行到底，将情调设置为生活的主旋律和终极目标，而在林徽因的字典里，她却将建筑事业摆在了最重要的位置。

建筑，让她信赖，梁思成也让她信赖，她需要生活里值得信赖的物或人来支撑她打造的高度。

徐志摩是有情的，他的情多得几乎可以把林徽因快速燃烧，他也是浪漫的，浪漫到可以不顾及现实生活，逼迫着妻子打掉孩子，而他在现实生活方面的种种绝对不是林所想要的，因而林徽因选择了梁思成，把浪漫的爱与情埋藏在心底。

她在病重的时候，还想着见张幼仪母子，所以说她对徐志摩的感情可能一直都藏在心里。

其实，张幼仪对这位昔日的"情敌"一直都有着至高的评价，因而才有张幼仪"徐志摩的女朋友是另一位思想更复杂、长相更漂亮、双脚完全自由的女士"这样的言论，或许这是她对林徽因格调的一种赞赏。

以林徽因所站立的高度，她几乎赢得了所有自己想要的，也正因为她所站立的高度，令与她相处的男子感到了压力与挑战，不光她的父亲需要跟上她的思维，连她的丈夫也有一种紧迫感。梁思成说："所以做她的丈夫很不容易。中国有句俗话，'文章是自己的好，老婆是人家的好。'可是对我来说，老婆是自己的好，文章是老婆的好。我不否认和林徽因在一起有时很累，因为她的思想太活跃，和她在一起必须像她那样反应敏捷，不然就跟不上她。"

"老婆是自己的好，文章是老婆的好"，恐怕是丈夫梁思成对林徽因最高的褒奖了。一个不走寻常步子的女人，和她在一起，需要男人有不凡的见识和宽广的心胸，还需要有足够强大的内心。

梁思成说"文章是老婆的好"，这的确不是单独个体的偏爱，林徽因的小说《九十九度中》就是一个上好的见证。

林徽因在这篇小说中以宏观的视野、冷静的眼光和独到的视角，展现了京城林林总总的社会生活场景，是对当时社会中不同人生现状的统合"审察"。在热闹的背后，是令人心酸的世态炎凉，这股逼人的寒气映射出九十九度之后的寒冷。林徽因站在人生哲学的高度俯瞰当时的社会，在那样的年代、那样的岁月，她把社会浓缩成了一部闹剧。

此等文章却是出自业余作家林徽因的手笔，可见其出手不凡。

处在一定的高度就是让人仰望的，因为林徽因为自己打造了足够的高度，所以众人只能仰望她。

弄清自己的目标，一步一步向上攀登

我们可能常常习惯于仰望属于别人的高度，认为那是我们自己所难以企及的。其实，别人能做到的，我们同样也可以，我们大可不必在仰望别人的时候陷入迷茫中。

我们的身高，到了一定的年龄，就无法再增高。但是，精神的高度却没有定数。有时候别人不尊重我们，甚至藐视我们，是因为我们达到的高度不够。我们所能做的不是怨天尤人，也不是去与他人争个你死我活，而是应该去增加自己的高度，高到让他人足以仰望自己。

我们要想站在他人可以仰望的高度上，首先就要明白自己所站的位置。

有一棵小草生长在山顶，它对从谷底慢慢长上来的大树说："你费了一生的气力才到我的脚下，太矮了！"大树笑着说："是的，但我没有借山的高位势力，我是凭借自己的努力长成了大树！"到了秋天，小草开始枯萎，而大树却依然高高挺立着。

我们每个人所处的环境不同，与生俱来的条件不同，所以必须要清楚自己的位置，不要像小草一样，把它站的位置当成了自己的高度。

林徽因也没有将自己光鲜的一面可以骄傲的资本，而是选择了在逆境中迎难而上，努力坚持自己的梦想，她像大树一样，经历了很多磨难，靠自己的力量变得越来越坚强，最终站在了自己预想的高度上。

人生的高度并不完全取决于我们头顶上的光圈，而在于我们有没有一颗想提升自我高度的态度，哪怕从低处开始，哪怕从卑微起步，都能够打造属于我们自己的高度，而这个高度，就是可以让人仰望的高度。

　　别人可以仰望的高度，与相貌无关，与家境无关，只与魅力有关。世俗的眼光都是势利的，你根本无法去改变。改变不了别人，那就改变自己，当你的高度不断增加时，世人也就不敢也不能轻视你了！

静思
小语

　　别人可以仰望的高度，与相貌无关，与家境无关，只与魅力有关。世俗的眼光都是势利的，你根本无法去改变。改变不了别人，那就改变自己，当你的高度不断增加时，世人也就不敢也不能轻视你了！

女人，要有自己的追求

　　在林徽因的一生中，她有着明确的理想与追求，甚至在十几岁的时候就树立了人生目标，并且用一生的时间坚持自己的选择，她从没有因受到诱惑而中止，也没有因战争等原因而中断。

　　追求具有优雅品质的生活，追求自由，追求和谐，向往爱，这些构成了林徽因人生的风景。

有了自己的追求，人生才不会盲目

　　林徽因的追求开始于她的欧洲之旅。

　　当徐志摩发现林徽因读书很多，对一些名家作品也深有见地，她活泼跳跃的思维和明澈清新的见识就触动了他。徐志摩便向她展开了爱情的攻势，但林徽因对于他，不过是一个年轻女子对普通朋友式的喜欢。当林徽因发现徐志摩对她的情感超越了友谊的界线，她很理智地求助于父亲，父亲同意她写给徐志摩一封婉拒的信："阁下用情之烈，令人感惊，徽亦惶惑不知何以为答，并无丝毫mockery（嘲笑）之意，想足下误解了。"

　　虽然已发出明确拒绝的信号，但徐志摩却不予理会，依然决意与张幼仪离婚，并在写给张幼仪的离婚信中说："……真生命必自奋斗自求得来！……彼此有改良社会之心，彼此有造福人类之心，其先自作榜样，勇决智断，彼此尊重人格，自由离婚，止绝苦痛，始兆幸福，皆在此矣。"显然，他是受了西方自由主义观念的影响，全然走向了一个所谓自由的极端。

　　这种"自断后路"的决绝并没有换来林徽因的"回心转意"，徐志摩定义下的"真正的幸福"与林徽因并不在同一个频率上。梁启超得知后，也对他的行为提出了批评，他要求徐志摩不要"把自己的欢乐建立在别人的痛苦之上"。

　　林徽因回国后不久，便和梁思成定下了婚事，为了防止徐再闯入他们的生活，他们还用英语在门上贴了一张纸条："恋人想单独在一起。"

　　林徽因有自己的追求，她不企求徐式那种轰轰烈烈的爱和那种纯粹、绝对而极端的西式爱情。她显然深知，越是热烈的东西越是不长久的，况且徐所做的已经悖离了传统的中国理念。

　　后来，失望至极的徐志摩转而去追求另一个女人陆小曼，梁启超也勉强同意做他们的证婚人，但他在他们的婚礼上也不忘严厉地批评徐这种不负责任的行为，要他"以后务要痛改前非，重新做人"。

　　这件事从侧面上也反映了林徽因当初所作出的正确选择，她追求的婚姻和爱符合正统观念，值得大家为她祝福。

　　诚如梁从诚所说："那时，像母亲那么一个在旧伦理教育熏陶下长大的姑娘，竟会像有人传说的那样去同一个比自己大八九岁的已婚男子谈恋爱，简直是不可思议的事。母亲知道徐在追求自己，而且也很喜欢和敬佩这位诗人，尊重他所表露的爱情，但她却是不爱他的。"

　　可见，林徽因追求自己想要的生活，目标是明确的，不会因徐的热烈追求而改变。

捧兰心蕙质，驻书香悠长

追求简单是一种智慧，林徽因追求简单的生活与爱情，她用自己简单的心追求自己想要的生活，选择了给他简单平淡幸福的梁思成。简单构成了她生活中的一个信仰。

同时代的一批新女性很多都是从追求自由的爱开始，但最终不少都沦为爱的奴隶，并为之所困。

林徽因她虽受西学影响，骨子里却依然向往平凡而踏实的家庭生活，并且和丈夫一起奋斗，成就了自己不平凡的一生。

然而，情感生活并不是她的全部，她对事业的追求同样也是坚定而富有建树的。

林徽因因为将建筑学当成了自己的事业追求，她同梁思成一块儿乘火车、坐卡车，甚至坐驴车，穿过人迹罕至的泥泞小径，将人生理想嫁接于中国历史的梁架之间。她通过自己的追求，让那些已经消失的中国古建筑在民族意识中重新被认知与认可。

在人民英雄纪念碑的设计上，林徽因倾注了自己的智慧和心血，她和梁思成共同主张，人民英雄纪念碑的设计应以碑的形式为主，以碑文为中心主题。用传统方式设计人民英雄纪念碑，能体现出中国人的精神。

她说："任何雕像或群雕都不可能和毛泽东亲题的'人民英雄永垂不朽'和周恩来亲题的碑文相比。"后来计划委员会采用了他们建议的设计方案。林徽因的追求也因此被永久定格在了历史的记忆里。

林徽因曾提出，用西方现代主义建筑的结构技术结合中国建筑的传统文化来克服中国传统建筑的弱点，她说"建筑本是有民族特性的，它是民族文化中最重要的表现之一，新中国的建筑必须建立在民族优良传统的基础上……同时又必须吸收外国的，尤其是苏联的先进经验，以满足新民主主义的经济建设和文化建设中众多而繁复的需求，真正地表现毛泽东时代的新中国的精神。"她的研究成果与理论对实现中国建筑的新发展有着重大意义。

有追求的女人，才不会沦为别人的附属品

到离开的时候，能为这个世界留下印记，能让这个世界因我们曾经来过而更加精彩，这是多么美好的事情。

我们要有清晰的追求目标和坚持目标的忠诚度，才能真正拥有自己想要的生活，才能成就心中预期的美好。

不管我们追求什么样的生活，都不要忘记用心经营涵养和品位，都不要高利率追求利益。我们的品位很多时候是和我们散发出的气质相辅相成的，一种优雅品位能够帮助我们在日常生活里发现新事物和新事物的美，让别人嗅出我们的与众不同。

"世界上只有懒女人，没有丑女人"，同样，世界上没有不被人喜欢的女人，唯有没追求的女人。

我们是自己思想的作品，完全没有必要总用感性来诠释自己的人生，不必随波逐流，不必遵循"嫁鸡随鸡，嫁狗随狗"的生活，也不必守护"学得好、做得好，不如嫁得好"的人生宿命，我们要知道自己想过什么样的生活，明白自己真正需要什么，清楚自己在做什么。女人要有自己的追求，而不是糊里糊涂地度日，日复一日，年复一年，否则，时间久了就会迷失自我。

我们要学会坚守自己内心深处的真实，从而有目的性地去选择伴侣。林徽因恪守传统，向往简单平实的生活，这样的生活唯有梁思成能够给予她，所以她断然拒绝了徐志摩。她的追求，她的坚持，最终让她获得了自己想要的生活。

独立的女人才有选择权

女人，也要有自己的事业追求，除了理智地追求自己的情感之外，我

们还要有自己的事业，完全不必为某个男人痛苦且消极地活着，这样才不至于因为某个男人的离开造成我们人生中的空白，直到遇到那个懂得欣赏我们的男人出现。

我们追求爱并要学会经营爱，即使离开了任何一个男人，也都要活得很好。

当然，如果我们能找一个可以帮我们实现梦想的老公是最好不过的了，这样既实现了感情上的追求，也实现了事业上的追求，这也是林徽因的过人之处。

试想一下，如果有一个我们爱和爱我们的男人来同我们一起奋斗，岂不是两全其美的事情？真正优秀的男人，不仅希望和我们在一起幸福地生活，他也会希望自己的老婆是有追求的女人。因而，我们完全可以带上自己的梦想嫁给一个符合我们"口味"的男人。

我们都会向往爱，都会去追求幸福。我们唯有在追求中才能悟透幸福的真谛，懂得在平凡简单的生活中去追寻幸福的足迹。

生活的路，很宽。女人，一定要有自己的追求！

静思小语

我们要学会坚守自己内心深处的真实，除了理智地追求自己的情感之外，我们还要有自己的事业，在追求中去领悟幸福的真谛，懂得在平凡简单的生活中去追寻幸福的足迹。

能吃别人吃不了的苦

　　凭林徽因的优越条件，她是完全不必吃苦的，但在她的一生中，却充满了"自讨苦吃"的经历，当然，她吃得了别人吃不了的苦，也铸就了别人无法拥有的人生与人格的辉煌。

　　她是一个"既耐得住学术的清冷和寂寞，又受得了生活的艰辛和贫困"的奇女子。

　　由于林徽因的母亲何雪媛出自富商家庭，并没受过多少教育，既不善女红又不善持家，再加上婚后除了生下林徽因之外，其余的孩子都夭折了，没有给林家留下其他的子嗣，因而也难以得到林家的欢心。所以林长民又娶了一房姨太太，这位"二房"倒很争气，接连为林家生下了几个子女，自然受宠。

　　在这样的背景下，林徽因的生母就有些不愉快，甚至有点被打入"冷宫"的凄凉感，因为没有多少学问的缘故，她的宣泄方式可能也很古老，无非是些抱怨、责怪之类。但此情此景又不可能不影响到林徽因，所以她的童年有不少"阴天"的情况，这不可能不让她产生逆反心理。

　　林徽因很早就懂事了，她也获得了父亲的器重，让她接受最好的教育。但生母给她带来的痛苦却是无法抹掉的，她又不得不学着去维护母亲的地位，其复杂的内心可想而知。

　　曾经有一段时间，林徽因同父异母的弟弟林恒，因为准备报考清华大学，暂住她家里。但林徽因的母亲何雪媛却不喜欢他，总是把上一代的恩怨加施在林恒身上，这让林徽因左右为难。她既不能把弟弟赶出去，又不能冲母亲发脾气。

　　对于当时的情形，林徽因曾说过："最近三天我自己的妈妈把我赶进了人间地狱。我并没有夸大其词。头一天我就发现我的妈妈有些没气力。家里弥漫着不祥的气氛，我不得不跟我同父异母的弟弟讲述过去的事，试图维持现有的亲密接触。晚上就寝的时候我已精疲力竭，差不多希望我自己死掉或者根本没有降生在这样一个家庭……我知道我实际上是一个快乐和幸福的人，但是那早年的争斗对我的伤害是如此持久，它的任何部分只要重现，我就只能沉溺在过去的不幸之中。"

再多的苦，也要自己扛

　　人生当中有很多的苦是无法化解的，也不是通过向他人诉说就能减轻的，只能自己一个人扛，这一点，林徽因做到了。她以自己独自承受痛苦的方式换来了家庭的和谐。没过多久，林恒顺利考取了清华的机械系，住了校，林徽因才得到了解脱。

　　在当时的中国，建筑事业并不是最紧迫的，林徽因完全犯不上投入太多的精力，尤其是抗战爆发以后，在日军兵临城下的危急时刻，林徽因仍然在进行建筑史的调查与研究。她在工作的时候，还常常能听到远处的枪炮声，就是在这样危险的情势下，她和丈夫发现了隋代的赵州桥以及唐代的佛光寺、北宋的隆兴寺、辽代的独乐寺和应县木塔等值得载入史册的木构建筑。由于处于非常时期，他们经常打地铺，甚至在天气特别冷的情况下裹着报纸入睡。

辗转大西南之后，林徽因带着病体，脚步踏遍乡野，居然度过了最艰难的五年时光。即使病倒在床榻上，她还不忘为写《中国建筑史》搜集资料，经常到深夜还不休息。在那一段岁月中，林徽因的身体每况愈下，经常大口大口地吐血，所受之痛苦可想而知。

在生活上他们也过得很苦，有时需要通过朋友们的资助才能维持正常的生活。林徽因还有过这样的经历，"在菜籽油灯的微光下，缝着孩子的布鞋，买便宜的粗食回家煮，过着我们父辈少年时期的粗简生活"。

她曾这样描述逃难的经过："我们在令人绝望的情况下又重新上路。每天凌晨一点，摸黑抢着把我们少得可怜的行李和我们自己塞进长途车，这是没有窗子、没有点火器、样样都没有的玩意儿，喘着粗气、摇摇晃晃、连一段平路都爬不动，更不用说又陡又险的山路了……"在漆黑而又寒冷的夜里，他们的车在山上抛锚，全家人不得不摸黑走并不熟悉的山路。

李健吾曾激动地说："她是林长民的女公子，梁启超的儿媳。其后，美国聘请他们夫妇去讲学，他们拒绝了，理由是应该留在祖国吃苦。"

美国学者费正清教授也说："倘若是美国人，我相信他们早已丢开书本，把精力放在改善生活境遇上去了。然而这些受过高等教育的中国人却能完全安于过这种农民的原始生活，坚持从事他们的工作。"

林徽因完全有理由和条件享受更好的生活，至少不用受这么大的苦。但她成全了自己，她宁愿塑造一个伟大的灵魂，也不愿过安逸的日子。

苦本身就是一种资本，是任何东西都无法取代的

我们虽不必像林徽因那样吃苦，但在当今社会中，做一个女人，同样

也需要有吃苦精神。

想要获得任何成功，都不可能是一帆风顺的，吃得苦中苦，方为人上人。唯有吃别人吃不了的苦，才能获得别人达不到的人生高度。

不经历风雨怎能见彩虹，没有经历过狂风暴雨和困苦的折磨，就难以激发我们体内的潜能，没有经历过苦难和挫折的人生很难说是完整的人生，而缺乏苦难打磨的人也不太可能拥有健全的性格。

能吃苦，也是人生的资本。

如果把我们的一生泡在蜜罐里，可能我们一辈子也尝不到什么是甜的滋味。正是因为经历了苦，生命里有了苦味，我们才更能读懂珍惜的意义，也才能以感恩的心去守候苦后的平淡与宁静。也正因为我们能吃得别人吃不了的苦，人生才多了一分精神的滋养，从而杜绝了生活的空虚。

怕苦的女人苦一辈子，不怕苦的女人苦一阵子。人生就是吃苦的前与后，我们先吃苦，苦吃完了，剩下的就都是甜，如果先享受，把老本挥霍光了，还是有吃苦的时候。

《哈利·波特》的作者罗琳最爱说的一句话就是："人生就是受苦。"其实苦与乐，是一个相对的概念，像林徽因一样，迎着苦上，学会苦中作乐，她的苦也是一种享受。

吃得苦中苦，方为人上人

我们若只想做一个平凡的女人，天天围着油盐酱醋打转，今天吃饱了不管明天，自然是磨难少一些更好，但若想做一个出类拔萃的女人，让男人更尊重我们，就不妨多吃些苦，能够吃别人吃不了的苦，就能取得他人得不到的认可与敬重。

生活不可能处处是坦途，难免起起落落，能够吃得了苦的女人，才能过上好日子，如果吃不了苦，只能过富有而悠闲的日子，一旦遇到运气不好的时候，可能就慌了手脚，那时候反而会在心理上要承受更多的痛苦。

吃得了苦的女人更善解人意，把困难留给自己，把方便让给别人，自己能吃苦，却也有良好的心态。这样的女人是男人心中的希望，能够点亮男人的世界，滋润他们的心灵，又怎能不受到尊重呢？

万物相生相克，无下则无上，无低则无高，无苦则无甜。唯苦过，方知甜，我们且不可为追求现成的物质生活而忘记甚至逃避吃苦的经历，我们在苦中才能发掘出生命里的宝藏，体悟到生活中的酸甜苦辣。有时候看似容易的路反而更难走，未经苦难磨砺的女子，习惯于顺境，总容易苛以待人。而饱经风霜的女人，才深谙逆境之道，反而能宽以处世，说话让人喜欢，做事让人感动。

女人，吃别人吃不了的苦，才能过上让别人羡慕的好日子。

静思
小语

有时候看似容易的路反而更难走，未经苦难磨砺的女子，习惯于顺境，总容易苛以待人。而饱经风霜的女人，才深谙逆境之道，反而能宽以处世，说话让人喜欢，做事让人感动。

恪守多元化

林徽因是一个不折不扣的多元化女人，她有多元化的才艺、多元化的爱好、多元化的事业，还有多元化的朋友。恪守多元化，对铸就她辉煌的人生起了不小的作用。

林徽因不仅在建筑、诗文方面有非常杰出的表现，她在其他方面的才学也是相当卓越的。

女人就是要有魅力

1925年，为了倡导新剧，闻一多、梁实秋等留美学生曾经在美国组织"中华戏剧改进社"，林徽因是主要成员，这也是她的艺术理想之一。林徽因甚至发函邀请国内新月社的成员参加，并建议在北京大学开设"戏剧传习所"，或者归国后由闻一多办这样一所艺术大学："有梁思成君建筑校舍，有骆启荣君担任雕刻，有吾兄（闻一多）濡写壁画，有余上沅、赵太侔君开办剧院，又有园亭池沼花卉草木以培郭沫若兄之诗思，以逗林徽因女士之清歌，而郁达夫兄几年来之悲苦得借此消失。"

显然这已经远远超出了林徽因对建筑学的理想诉求，而且，在当时的情势下，她能如此超越思想的樊篱，勇于突破自我，在多元化的道路上敢于大胆创新，确实是令人赞叹。

在泰戈尔访华的时候，林徽因就同父亲林长民同台演出泰氏名剧《奇特拉》，当时著名的媒体《晨报》经常以大篇幅介绍他们的演出状况，称赞这是"父女合演，空前美谈"。

况且在彼时，能够在大众面前抛头露面出演爱情戏是需要极大勇气的，可见多元化的女子是有莫大的魄力的。

尽管选择了古建筑为主要研究方向，但林徽因除了业余时间进行诗、小说等方面的创作外，也没有放弃对戏剧的尝试。1937年，林徽因在《文学杂志》上创作了四幕剧《梅真同他们》，在作品中，她对戏剧创作技巧的纯熟把握令人叹为观止，她采用口语化的白话文对白，人物个性鲜明，情节紧凑，高潮迭起。

林徽因有着明确的创作主旨："我所见到的人生戏剧价值都是一些淡香清苦如茶的人生滋味，不过这些场合须有水一般的流动性……像梅真那样一个聪明的女孩子在李家算是一个丫头，她的环境极可怜难处。在两点钟的时间限制下，她的行动，对己对人的种种处置，便是我所要人注意的，这便是我的戏。"虽然不是专业背景出身，但林徽因在这方面的创作已相当娴熟。

原计划是四幕剧，但写到第三幕的时候，抗战爆发了，林徽因也中断了写作计划。由于前三幕优秀的表现，很多热心的读者对第四幕产生了浓厚的兴趣，更有不少的粉丝追着林徽因问作品中的人物："梅真后来怎样了？"林徽因的回答很干脆："抗战去了。"幽默而风趣，俨然一个成熟大家的风范。

林徽因曾经为天津南开新剧团公演的话剧《财狂》担任舞美设计，后来《财狂》取得了非常大的成功，林徽因功不可没。报界对演出成功的报道甚至是连篇累牍的，林徽因也因此成为报界关注的焦点，她一不小心在冷僻的学术圈外，获得了明星般的轰动效应。

做舞美设计的时候，林徽因总是感到特别的轻松愉快而又游刃有余。戏剧是她本来就热爱的项目之一，加上有戏剧演出的实际经验，所以她能如同身临其境般对舞台上的戏剧空间进行良好的把控，对舞台的视觉效果、场景的变换及演员的调度也都能把握得很好。

我们似乎也有理由相信，如果林徽因专注于这方面的发展，说不定会成为一个大"家"，这绝对不是空话。

对于林徽因的多元化，梁思成有着这样的理解："林徽因是个很特别的人，她的才华是多方面的。不管是文学、艺术、建筑乃至文学她都有很深的修养，她能作为一个严谨的科学工作者，和我一同去村野僻壤去调查古建筑，又能和徐志摩在一起，用英语探讨英国的文学或我国新诗创作，她具有哲学家的思维和高度概括事物的能力……。"（林洙：《困惑的大匠·梁思成》）

多元化令林徽因的一生成了由多个闪光点串成的链条，为她赢得了一片赞誉。

多元化的女人，发展机会更多

当今社会是一个不断变化的价值多元的社会，这也给了女性更多的发展空间，女人也不再依附男人，越来越独立。社会的发展也需要女人适应时势，完善多元化的自己，从而成为生活和工作中的主导者。

不可否认，越来越多的女人已从家庭事务中解放出来，身兼事业与家庭中的双重角色。当我们以新的形象走出家庭、走向社会，并且在属于我们自己的舞台上施展才能、展现人生价值的时候，我们也需要更新观念以完成角色模式的成功转变。或许我们需要革新"贤妻良母""男主外女主内"的传统观念，将自身的独立性与价值追求结合起来，做一个多元化的自己，使自己活得更精彩。

实际上，单一化的职业或者专业诉求往往容易引起职业倦怠，从而形成在工作重压下的身心疲劳，可能会造成我们缺乏活力和工作热情，在工作和生活中也容易引起我们与他人之间的价值观冲突，这就需要我们形成多元化思考，令我们的个性在独立发挥特长的同时，也能够更好地与团体行为融合在一起。

古人云，女子无才便是德。但当今，恐怕没有哪个男人喜欢和一个不学无术的女人生活在一起，他们对女人的期望值已经不再满足于"礼仪、持家、女红、厨艺"，他们也希望自己的生活更加多姿多彩，这当然就需要一个多元化发展的女人。

兴趣多样化，不停地给自己加点料

做一个多元化的女子，是需要一些先天条件的，但更重要的是后天的培养和训练，以使得我们在不同的领域和时刻，都能够展示出不同的风姿。

当然，这绝非易事，它需要我们不断"充电"，并适当地关心时事，书籍、电影、网络这些自不必说，因为它们已经是我们生活的一部分，此外我们不妨关注一下政治、财经等相对男性化的话题，以使我们在面对各种情况时都有拿得出手而又与时尚紧密联系的"谈资"。我们需要提升自己，在我们的专业之外，在我们的职业之外，培养一些其他的爱好与才艺，多涉猎一些领域，就能多一点资本。

我们还需要多参加一些类似于艺术表演、科技研讨、商贸交流、沙龙PARTY等活动，不必都是冲着交朋友去的，我们至少可以通过参加这些活动来开阔眼界、掌握新的资讯。总之，我们不要放弃一切提升自我的机会，尽量地给自己的多元化加足养料，以备不时之需。

职场中的我们，可能需要干练一些；而处在领导岗位上的我们，可能需要板着面孔；在商场上打拼的我们，可能需要成熟多一些；而回到家里，我们则需要更多的温柔，或者三下五除二地处理一下家务，或几分钟拿出一个可口的小菜。多元化的女人更能诠释女性的魅力，会活得更轻松、更有价值。

静思小语

做一个多元化的女子，多读书，勤学习，培养自己多方面的兴趣，丰富自己的内涵，提升自己的价值，充实自己的生活，使得自己无论在什么场合，都能展示出一番别样的风采。

085

"腹有诗书气自华",
唯有书香女人才能用知识读懂人生的内涵,
并拥有兰心蕙质的深度,
林徽因就是这样一个书香女人。

相爱未必相守，相守便不相欺

只有爱情让女人更生动

　　不是只要相爱就能携手一生，不是激情不再就要分道扬镳。爱情的事，没有想象中那么简单，那么不计后果。有过甜蜜、有过许诺、有过忧伤，不要忘了，爱情需要经营才会收获幸福。

最是那一低头的温柔

温柔要有，但不是妥协，我们要在安静中，不慌不忙的坚强。

——林徽因

若说林徽因的爱情故事，好像永远有说不尽的内容，永远有解不开的谜。林徽因的温柔在诗人的笔下被写成了永远的惊叹号，发生在康桥的故事，注定是一个美丽的传说。

跟着诗人的笔迹，
寻那最美爱情的踪——
最是那一低头的温柔，
像一朵水莲花不胜凉风的娇羞，
道一声珍重，
道一声珍重，
那一声珍重里有蜜甜的忧愁——

相爱未必相守，相守便不相欺

沙扬娜拉！

——徐志摩

显然，徐志摩这首诗是写林徽因的，他把才女比作一朵水莲花，而"娇羞"也是对她温柔的一种写照，诗中充满了脉脉温情与向往。虽然不是每一朵水莲花最终都能浮出水面，也不是每一朵水莲花都能和赞叹的眼神遇见，但徐志摩笔下的女主角却是幸运的。他们的"水晶之恋"曾经是中国现代文学史上的一件大事，到现在也是为人所乐道的经典故事。

最是那一低头的温柔，诗人眼中的"西施"生活在浪漫的国度，她胜似王妃，高过公主，他们的珍重里有蜜甜的忧愁，以至于后来的爱情故事都因之黯然失色。

此后，徐志摩与陆小曼的结合让人看起来似乎成了一出悲剧，尽管也为人所津津乐道，但却远不及那一低头的温柔显得更加清纯和美丽。

一个扎着长辫的十六岁花季少女，一个是长她八岁的已婚青年，怎么看都只是一段故事，只能出现在虚构的世界里，所谓相爱不一定相守，在他们身上是最好的演绎。

有人说，林徽因原先是不曾写诗的，她后来之所以写诗，是拜徐志摩所赐，而徐志摩先前也是不曾写诗的，在遇到林徽因之前，他的志向一直是哲学，他的诗人名号是林徽因给予的。

两个都不曾写诗的人，因为彼此的相遇，因为一段温柔的呢喃，居然都有了创作的灵感。

林徽因为徐志摩写诗，却用诗拒绝了他的爱情：

我情愿化成一片落叶，
任风吹雨打到处飘零；
或流云一朵，在澄蓝天，

和大地再没有些牵连。

但抱紧那伤心的标志，
去触遇没着落的怅惘；
在黄昏，夜半，蹑着脚走，
全是空虚，再莫有温柔；
忘掉曾有这世界，有你；
哀悼谁又曾有过爱恋；
落花似的落尽，忘了去，
这些个泪点里的情绪。

到那天一切都不存留，
比一闪光，一息风更少
痕迹，你也要忘掉了我
曾经在这世界里活过。

　　如果说林徐之间的相遇，让对方都有了写诗的激情与冲动，调动了他
们诗人的神经和天分，而未惊动双方固有的生活与情感轨迹，那么这段故
事可能只是文学素材而已。事实上，并无结果的他们，其中一个却当真
了，徐志摩和原配夫人张幼仪离了婚，而另一个，林徽因和梁思成还是照
常走得很近了。彼时，林梁二人已到了谈婚论嫁的地步，徐志摩却还沉浸
在那一低头的温柔里。

欣赏你的所有，不忘你的温柔

　　如果没有林徽因，事业上的徐志摩可能是另一个金岳霖的翻版，在

哲学领域会有不俗的建树。而他没有成为一个哲学家，其在诗赋方面的成就可能多数要归功于他对林徽因的爱慕。诚如人们所说："每一个处在爱情中的人，都可以成为诗人。"只是徐志摩来得更猛烈了一些，他对林徽因有点儿过于痴情，因为他的痴情，他成了浪漫痴情男子的典型。

林徽因那一低头的温柔似乎成了徐志摩永远的"短板"，1931年，徐志摩为了赶时间参加林徽因的建筑学讲座，匆匆忙忙坐上了从南京到北平的飞机，而那一次空难造成了他们之间的永别。

林徽因写了《悼志摩》，以一个好友的身份：

志摩的最动人的特点，是他那不可信的纯净的天真，对他的理想的愚诚，对艺术欣赏的认真，体会情感的切实，全是难能可贵到极点。他站在雨中等虹，他甘冒社会的大不韪争他的恋爱自由；他坐曲折的火车到乡间去拜哈岱，他抛弃博士一类的引诱卷了书包到英国，只为要拜罗素做老师，他为了一种特异的境遇，一时特异的感动，从此在生命途中冒险，从此抛弃所有的旧业，只是尝试写几行新诗——这几年新诗尝试的运命并不太令人踊跃，冷嘲热骂只是家常便饭——他常能走几里路去采几茎花，费许多周折去看一个朋友说两句话；这些，还有许多，都不是我们寻常能够轻易了解的神秘。……志摩，你这最后的解脱未始不是幸福，不是聪明，我该当羡慕你才是。

从悼词的内容看，林徽因难掩内心的悲痛，她对徐的经历如数家珍，温柔怀念之情溢于言表，但似乎也只是尽了一个朋友的情分，仅此而已。

一个真正温柔的女人，她的温柔足以让仰慕他的男子永远铭记在心。

将幸福层层剥开，坚强背后藏着的其实是一抹温柔

林徽因的情感线路，很像一部剧情复杂的言情剧，一波未平，一波又起。没了徐志摩，金岳霖又闯入了她的生活，只是他对她的爱永远锁在内心深处，默默地守护了她一生。

徐志摩连骨灰都没有留下，林徽因和梁思成专程带回的一块烧焦了的飞机残骸相守了余生，而她和后来去世的金岳霖，骨灰均被安放于八宝山革命公墓。他们在另一个世界里，还是毗邻而居。

林徽因的温柔，在于她恰到好处地调和了女人的天性与后天形成的知性，她那一低头的温柔化成了微笑的天使，世上没有一个男人会拒绝那样的温柔。

我们做就要做温柔的女人，调动我们身上和内心所有的女人味儿，在我们的双眸里永远写满柔情与怜爱，永远充盈着绵绵的诗意、温存和浪漫。无论我们身处何地，温柔都是一道美丽的风景，如同一朵水莲花般的娇羞，让人赏心悦目，叫人欲罢不能，难以忘怀。

我们要学会像林徽因那样精心维护天性里的温柔，那种骨子里不妥协的温柔。但更重要的是我们要打造、培养和修炼后天的温柔，凡事都不矫情造作、扭捏作态，因为温柔是从我们心灵深处流露出来的一种温情，它是我们生命本体的一种天性的自然焕发。我们要发挥出温柔里无形的力量，从而让生活中所有的误解和仇恨全部消散，让我们显得更娇媚、动人。

林徽因是温柔的，她有宽广的情怀和宽容的气度，懂得理解和给予，懂得原谅和忍让，懂得给她身边的人带去轻松和快乐。如果说我们吸引男人靠的是美貌的话，那么最终真正能留住男人心的一定是女人的温柔，因为女人的美貌只能吸引男人的目光，而温柔却能紧紧拴住他们的心，并彻底征服他们的灵魂。所以即便我们才貌双全，才高八斗，美过西施，如果

男人在我们身上感觉不到一丝温柔，那么，再宽容的男子也会和我们保持距离，或者对我们只是有一时的热情，难有长久的爱恋。

和林徽因一样，做温柔的女人。她的话语里过滤了杂质和灰尘，她总是呵气如兰、含情脉脉，最能打动和感染男人。而温柔的女人也可以让美丽永驻、可爱永存，融化天下男人的心，让他们沉醉不知归处。

我们要做温柔女人，永远把生活打理得井井有条，永远给男人以舒适和温馨的感觉。我们不要唠唠叨叨，不要怨天尤人，也不要风风火火、冒冒失失，即使是在平淡或者艰苦的生活中，我们也要让男人嗅到我们生命的芳香。

所以，我们可以不美丽，可以少一些才华，少一些风韵，可以是女强人，也可以是弱女子，但不管怎样，都不可以缺失温柔。我们都有温柔的天分，所以我们不但要呵护好我们的温柔，还要展示出来，把一低头的细节都让对方看到，令男人永远难忘。

温柔是我们生活的润滑剂和感情的催化剂，如果拥有它，会让我们获得更多的爱与体贴。

静思小语

温柔是我们生活的润滑剂和感情的催化剂，如果拥有它，会让我们获得更多的爱与体贴。和林徽因一样，做温柔的女人，拥有宽广的情怀和宽容的气度，懂得理解和给予，懂得原谅和忍让，懂得给她身边的人带去轻松和快乐。

绽放自己的美丽

林徽因是美丽的，两条极富代表性的小辫，永远神采奕奕的双眸，仿佛被精心雕琢过的五官，脸颊上永远荡漾着的笑靥，还有半袖短衫与黑色绸裙的典型民国女性的着装，构成了她清逸的鲜活形象。

当然，林徽因的美丽又在于她思维的活跃性、独具一格的见识、清新的文风和她那难得的智慧，她的美丽是绽放着的，是超越了其年龄的，是永存于世人心间的。她的美丽是有灵性的，也是富有人格魅力的。

不仅拥有美丽，还要绽放美丽

在梁思成的心目中，"文章是老婆的好，老婆是自己的好"，这颠覆了民国时期在文人中普遍流行的那句俏皮话："文章是自己的好，老婆是人家的好。"林徽因的美，是公认的，和梁思成一起在美国留学的同学也说："思成能赢得她的芳心，连我们这些同学都为之自豪，要知道她的慕求者之多犹如过江之鲫，竞争可谓激烈异常。"

林徽因不光美丽，她也知道自己的美，更懂得自己的美。据说，在上个世纪三十年代初期的北京香山，一卷书，一炷香，外加白色睡袍，林徽因对自己的状态很是满意，甚至有些自恋，她对梁思成说，看到她这个样子，任何一个男人进去都会晕倒。有此番情调来欣赏自己，的确很可爱，一下子就把别人的注意力吸引到她的美丽上来，弄得梁思成很陶醉地说："我就没有晕倒。"其内心的喜悦可想而知。

在那个几乎没什么色彩的年代里，一个女子，吸引了最具浪漫气息的诗人，最优雅矜持的哲学家和最理智的建筑学家，令诗人因她而较早地离世，令哲学家为之单身一生，令名门之后的公子爱她一世，林徽因的美丽，几乎达到了人生的极致。虽然她的美丽期限并不长，但却拥有了丰富充实的过程，叠加在她身上的幸福恐怕是任何女子都不能比的。

红尘滚滚中，一个美丽的女子能够拥有独立的自我已是不容易的事，却还能绽放美丽，如一朵草丛中的亮丽奇葩，独自盎然开放，独自地美丽着她的美丽，幸福着她的幸福。林徽因在诗歌《莲灯》中说："如果我的心是一朵莲花，正中擎出一枝点亮的蜡。荧荧虽则单是那一剪光，我也要它骄傲地捧出辉煌。"无疑，她是绽放美丽的高手，她把哪怕是"那一剪光"，"也要它骄傲地捧出辉煌"，她把美丽最大化地绽放出来，给了它足够的关照与空间。

诚然，所谓美丽并不是指漂亮的面庞，面相要好自不待言，但让人心悦诚服的美丽还需要一种内在气质的修炼和知性魅力的支撑。

绽放美丽，收获幸福

林徽因往自己的美丽里注入了丰富的血液，她的智慧、灵性、优雅等，都成了美丽的元素。她的美丽是一种姿态，是一种生活方式，是对自我和她所生活的世界的肯定与赞赏，她在她的有生之年绽放出了生命中全

　　林徽因往自己的美丽里注入了丰富的血液，她的智慧、灵性、优雅等，都成了美丽的表征，她在她的有生之年绽放出了生命中的全部美丽，活出了完美的自我。

部的美丽，活出了完美的自我。

美丽是一个古老而有活力的词语，永不过时。但古往今来，多少美丽的女子获得了幸福？多少美丽的女子自在地绽放了自己的美丽？又有多少美丽的女子因美丽而葬送了自我？又有几个能像林徽因那样在绽放自己的美丽中收获幸福呢？

美丽是一种资产，但驾驭不了美丽反而会为它所累，甚至由于不懂得分辨情感或者被慕名而来的感情冲击到，荒废了青春，透支了幸福，到头来身心俱疲。美丽褪色之时却又不甘心被冷落，把自己折腾成了美丽的怨妇，这样的女人有很多，而唯有饱满的精神才能真正支撑起浪漫的美丽，才能持久地维持美丽的色彩，才能让美丽具有永不变质的吸引力。

林徽因虽家境优越，但身处乱世，她有着强大的责任感与使命感，她并不追求物质生活的丰裕，也不图名图利，当然更不会自怨自艾，抱怨命运的不公，她的精神世界是美丽的。

在上手术台之前，是她最脆弱的时候，因担心手术失败而意外离开，可是这时她还不忘记安慰亲人："如果有点感伤，你把脸掉向窗外/ 落日将尽时，西天上，总还留有晚霞。"（《写给我的大姐》）

当她准备好与亲人诀别时，面带微笑，并没有一丝悲戚之感，反而将最后的美好寄托于晚霞的美丽，这样的美，无法不让人感动。

在这世上，恐怕没有哪个女子不想自己是美丽的，也恐怕没几个女子不希望通过绽放自己的美丽来留住男人的心，虽然不至于成为让无数男人膜拜的"万人迷"，但至少让心爱的男人在下雨的时候能够为我们撑起一把伞，天冷的时候能够送给我们温暖的怀抱。

美丽并不是浓妆艳抹，也不是花枝招展，而是懂得装扮自己，使自己的秉性气质相协调，做到内在与外表相统一。但这并不是说美丽不需要外在装扮了，一身靓丽的衣服，一个时尚的包包，一双美丽的鞋子，一件精致的配饰，都是绽放美丽的方法，这些往往是我们个人自信和修养的外在流露。

美丽是女人的专属配置，每个年龄段都可以绽放我们的美丽，透过美丽晒出女人的高贵与优雅，晒出丰富的内心、细腻的感情和优雅的气质。

如果说鲜花是用来看的，女人的美丽就是用心来品味的。美丽女人的身上一定有一种属于自己的味道，这种味道是我们个性的标志，总是给人以独到的回忆而令人回味无穷，就像一本内容丰富的书，让人越看越上瘾，越读越有趣，越品越有味儿。

拥有一颗懂爱的心，让生命的激情永不落幕

美丽可以帮我们过滤时间的痕迹，岁月可以冲走漂亮，但却带不走美丽，美丽在我们的身上已经不单单是靓丽的青春，而是一种迷人的气质。

林徽因那一卷书，一炷香，一袭白色睡袍，可以让任何一个男人晕倒，正所谓"人靠衣装，佛靠金装"，衣着打扮是绽放美丽的必要程序。我们大可不必刻意地去追随潮流，也不需要特别地去模仿谁，只需要找到属于自己的穿衣风格，色调层次适合自己的个性就行了，有时候简单反而就是一种时尚，是一种属于自己的时尚，那是一份与众不同的美丽。

我们也不必标新立异，跟上时代的节拍就好了，一双干净、漂亮、舒服、适合自己的鞋子，对于我们来说，是绽放美丽不可或缺的元素之一。高跟鞋也好，平跟鞋也罢，无论是运动鞋，还是休闲鞋，都能够让我们展示出不同的美丽。

当然，加上适当的配饰，作为画龙点睛之美也是可以的，项链、手链、戒指、头饰等，说不定都会让我们散发出别样的美丽。

外在是内在的流露，一个真正懂得绽放美丽的女人，是有一定的涵养的，从持家有道中，从布置得温馨整洁有情调的房间中，让男人读出我们的内在美。不仅会打扮自己，也会打理家，还会照顾男人，这样的女人才

是真正美丽的女人。

拥有一颗懂爱的心，让生命的激情永不落幕，女人，要学会绽放自己的美丽，一个会绽放自己的美丽的女人是最迷人的！

思
静 语
小

外在是内在的流露，一个真正懂得绽放美丽的女人，是有一定的涵养的，从持家有道中，从布置得温馨整洁有情调的房间中，让男人读出我们的内在美。女人，要学会绽放自己的美丽。

拥有理智，学会冷静

从种种迹象上看，徐志摩对林徽因的爱是真挚而热烈的，这种强烈的爱足以冲昏很多女子的头脑，使她们沉醉在诗人一轮又一轮的感情攻击里。但林徽因毕竟是林徽因，她的理智，她的冷静，始终占据着上风，她不允许自己有任何的冲动。

冲动的头脑也要为理智留一点空间

"如果有一天我获得了你的爱，那么我飘零的生命就有了归宿，只有爱才能让我匆匆行进的脚步停下，让我在你的身边停留一小会儿吧，你知道忧伤正像锯子锯着我的灵魂。"徐志摩写下的激情洋溢的诗，这样的情诗足以融化任何女人冰封的心。

"我不是那种滥用感情的女子，你若真的能够爱我，就不能给我一个尴尬的位置，你必须在我与张幼仪之间作出选择。你不能对两个女人都不负责任。"这是林徽因的回应，真的是冰火两重天，这位才女的不同凡响

100

之处，便是她的理智和冷静。

二十四岁的徐志摩，是两个孩子的父亲，而第三个孩子正怀在妻子张幼仪的腹中。后来张幼仪随他一起在英国生活，有人说他们"西装和小脚不般配"，就是这样"不般配"的结发夫妻，因为遇到了林徽因，徐志摩要和她离婚，甚至不惜逼她打掉腹中的孩子。

如果说这仅仅是诗人的感情，那也是可以理解的，但若发生在现实当中，多少显得有些冷酷无情。果然，在张幼仪产后不久，徐志摩就迫不及待地逼迫她在离婚协议书上签了字。这样的事，且不说发生在那个年代，就是发生在今天，也会让人觉得不可思议，更何况是在新社会尚未建立的旧时代，徐志摩的确是发了疯。

可见诗人对才女的爱慕之情是多么强烈，当如此不合常规的爱被冠以自由与新生活的帽子时，所有传统道德观都被瞬间瓦解了，或者说对当事人不起任何作用了。

林徽因和他看的不是同一个方向，年轻的她深知自己想要什么样的生活，她并没有跳入徐志摩的感情漩涡，虽然当时她对徐也是有一点感情的，但是她清楚谁才是真正适合她并可以陪她一生的"真命天子"。

林徽因选择了梁思成，我们只知道他们"执子之手、与子偕老"，多少是出于爱情，谁也不得而知，因为她的诗作里没有他，与她一起生活的男子只存在于她的现实生活里，而不是活在她浪漫多情的梦想之中。而那个曾经追她追得很紧的诗人却经常"做客"于她的诗歌。

"这一定又是你的手指，轻弹着，在这深夜，稠密的悲思；我不禁颊边泛上了红，静听着，这深夜里弦子的生动。"诗人在后来的《深夜里听到乐声》中这样写道，他似乎从始至终都在以一种他自己的方式呼唤着对方。

"我懂得，但我怎能应和"，这是林徽因的回应，或者说这是她自始至终的态度。

"理想的我老希望着生活有点浪漫发生。或是有个人叩下门走进来坐在我对面同我谈话，或是同我同坐在楼上炉边给我讲故事，最要紧的还是有个人要来爱我。我做着所有女孩做的梦。我所谓极端的、浪漫的或实际的都无关系，反正我的主义是要生活，没有情感的生活简直是死！…… 如果在'横溢情感'和'僵死麻木的无情感'中叫我来拣一个，我毫无问题要拣上面的一个，不管是为我自己或是为别人。人活着的意义基本的是在能体验情感。能体验情感还得有智慧有思想来分别了解那情感——自己的或别人的！"林徽因在《致沈从文》中曾这样写道，所以说，她不是没有浪漫情结的人，只是浪漫里融入了更多的理智和冷静。

理智，是女人忠于自己的最高祭奠

林徽因的理智，是一种雷打不动的坚持，一如她在悼文中所说："他如果活着恐怕我待他仍不能改变"，"也就是我爱我现在的家在一切之上的确证"。

理智与冷静，有时候更像是一种承诺，是对自己作出的选择的一种忠诚度。

林徽因能够很沮丧地告诉从外地刚回来的梁思成："我苦恼极了，因为我同时爱上两个人，不知道怎么办才好？"梁思成经过一夜的思想斗争，告诉她："你是自由的，如果你选择了金岳霖，我祝你们永远幸福。"而林徽因却并没有离开他，她说："你给了我生命中不能承受之重，我将用我一生来偿还！"

一个思维缜密的女子，会天真无邪地把自己爱上别的男人的痛苦毫无保留地告诉给自己的丈夫吗？或许她是痛苦的，她也不想让这份痛苦折磨自己太久，于是把它"分享"给自己的丈夫。或许，她只是渴望浪漫，渴望浪漫的事多少发生在她身上一些，不希望平淡的生活将她的热情消磨殆尽。亦或许，她太了解自己的丈夫，她撒娇般地倾诉自己的心声，反而更能获得丈夫的体谅与信任。

❧

　　面对爱情，林徽因是理智的。她选择了梁思成，选择了爱她的家在一切之上，即使外面遇到了再大的情感诱惑，她也坚守着自己对爱的忠诚的底线。

事实上，面对两个优秀的男人，林徽因真的无从选择吗？她是个"爱我现在的家在一切之上"的人，以她的智慧，她不可能解决不了感情的选择问题，只是她讲出来之后，就取得了与金岳霖以朋友的身份光明正大相处的"豁免权"，再也不会为感情而纠结，可能这也是使她与梁思成、金岳霖"和平共处"几十年的一个原因。

想得到婚姻之外的一些温存也好，巧妙处理非家庭情感的问题也罢，林徽因的一点理智、一点冷静为她的生活与传奇加了不少的分。

《菜根谭》中说："冷眼观人，冷耳听语，冷情当感，冷心思理。"大意是，我们要用冷静的眼光去观察人，要用冷静的耳朵去听别人的言语，用冷静的心情处理感情，用冷静的头脑去思考事理。

的确，多一点理智，多一点冷静，就可能会避免"一朝失足千古恨，再回首已百年身"的事情在我们身上发生。冲动是魔鬼，不理智容易犯浑，不冷静容易犯错。一个女子，若能遇事冷静处理，泰然自若，从容应对，尤其是不会在感情上意气用事，不会在冲动中作决定，这样的女子，是生活的高手，很少会走弯路。

冷静的人生不后悔

我们应当知道，只有冷静地思考问题，我们才能分辨出感情的真伪，才能看清那人那事的本来面目，才能知晓哪些东西是我们自己的、哪些东西是我们所需要的，才不会受到迷惑，从而作出明智的决定，不会造成无法弥补的过错与过失。有时候，一点理智，一点冷静，能帮助我们去深究事物的原理，洞察人与事的真相，不会让自己在迷茫中失去方向，更不会让自己受伤。

俗话说得好，"万物静观皆自得"，在当今的社会中，缺乏理智、遇事不冷静的女子将很难有如意的生活，现在男人早已不是女人的主宰，女人也早已不再是男人的"附庸产品"，将自己的幸福寄托在男人身上是不靠谱的，也是不安全的。所以，女人应该有独立的自我意识和自觉意识，像林徽因那样，"能体验情感还得有智慧有思想来分别了解那情感"，弄清楚哪些是自己的，哪些是别人的，从而不至于走错方向。

当然，激情、热情固然可以给生命增加活力与温度，可以让人更积极地做事，更乐观地处世，但如果没有理智与冷静来驾驭和统领，激情和热情就如同一把火，会燃烧自己，它甚至会左右我们的判断，让我们变得鲁莽，有可能会误了大事。我们唯有用理智与冷静控制"情"的温度，才能作出正确的判断。

心理学家分析认为，女人往往是感情胜过理智，对待友情、事业、婚姻亦如是，这是阻碍女人发展的致命弱点。

有时候，我们的不理智、不冷静，会对一个没有暴露出真实面目的男人示爱，过后酿成大错，结果受伤的却是自己。不为情所困，尤其是不为外情所累，在理智中坚持自己的初衷，反而会让我们的心灵畅通无阻，我们所坚守的爱，也会凝固成一种永恒。

我们应该学会理智和冷静，凡事以此为前提，让我们的智慧有足够的发挥空间，让我们分辨得更清晰，思考得更正确，做一个理智处世、冷静待人的知性女人。

静思
小语

心理学家分析认为，女人往往是感情胜过理智，这是阻碍女人发展的致命弱点。我们应该学会理智和冷静，凡事以此为前提，让我们的智慧有足够的发挥空间，做一个理智处世、冷静待人的知性女人。

甘心做个小女人

虽然被世人炒得光鲜亮丽，但林徽因毕竟是个尘世中人，没有生活在书画中，她也是要居家过日子的。她曾经给沈从文写信说："我是女人，当然立刻变成纯净的糟糠。"

出得厅堂入得厨房，拥有绝代风华的完美小女人

林徽因虽像居里夫人一样，对事业有着强烈的专注力，不喜欢别人拿家务活来浪费她有限的时间，但这不代表她不会打理家务，事实上她做起家务来也是有条有理的。

林徽因在梁家是长嫂，在娘家又是大姐，住在北平的她，家里难免有亲戚来走动，如何安排好客人的吃喝拉撒睡，如何协调好家族成员之间的关系与处理好各种琐事，并不是容易的事情，没两把刷子恐怕是拿不下来的。

据说林徽因曾经画过一张床铺图，共安排了17张床铺，而且每张床铺

谁要来睡都有明确的安排。于百忙之中，能够做到如此细致，一般女子怕是做不来的。林徽因的小女人角色做得真是无可挑剔。

一个梁家的亲戚说，林徽因在和梁思成一起工作的时候，从来只是画出草图就歇了，每次都是梁思成费尽心思地将草图加工完善成滴水不漏的成品。而每当梁思成完工时，林徽因就冒出来了，此时她会扮演一个顽皮的小女人形象，甚至用一些好吃的东西来讨梁思成的喜欢。

就是这样一个小女人，一个活在现实中的人。她饶有兴趣地给徐志摩发电报诉说相思，但接到类似的电报的人又不止是徐一个。这个小女人，有时候真是可爱。

徐志摩曾有一些私人书信日记及八宝箱交给凌淑华，让其代为保存。徐志摩罹难后，很多人向凌淑华索要书信，林徽因也是其中之一，她的意图是"我只是要读读那日记，给我是种满足，好奇心满足，回味这古怪的世事，纪念老朋友而已。"很容易地，她从凌那里讨得徐志摩的《康桥日记》，等到还给凌淑华的时候，日记却少了几页，而那几页内容正是有关林徽因的部分。

林徽因如此理智地做出这样的小动作，如此快刀斩乱麻地处理"负面消息"，或许仅仅是出于"保护自己"，她不想让这些过时的"花边新闻"流传到世间。即使不是在当时的社会环境下，就是在当下，林的动作也会令"狗仔队"们无可奈何。

徐志摩的首任妻子张幼仪可能对林徽因有着复杂的感情，她在自传中说到林徽因在1947年病重时见了她一面："一个朋友来对我说，林徽因在医院里，刚熬过肺结核大手术，大概活不久了。连她丈夫梁思成也从他正教书的耶鲁大学被叫了回来。做啥林徽因要见我？我要带着阿欢和孙辈去。她虚弱得不能说话，只看着我们，头摆来摆去，好像打量我，我不晓得她想看什么。大概是我不好看，也绷着脸……我想，她此刻要见我一面，是因为她爱徐志摩，也想看一眼他的孩子。"

怀念你展露的浪漫，竟让我消磨了这许多时光

林徽因同所有女子一样，骨子里涌动着浪漫的细胞，而能给她浪漫的，非徐志摩莫属，她对徐的浪漫多少是有些向往和怀念的。虽然故人已去，看一眼他的妻子儿女，姑且是一种精神上和心理上的满足，事实或许如此，但一个小女人的率性由此表露无遗。

林徽因虽然16岁时就吸引了徐志摩，她也拒绝了徐志摩，但却没有彻底地拒绝，而是保持着某种程度的暧昧。后来她也同金岳霖擦出了一些感情火花，但她不但获得了丈夫的"谅解"，又使得这位大哲学家能够活在自己的精神爱恋中并且不舍不弃。

她的动作并不大，只是在感情上，给那两个男人各自留了一些空间而已，但不论怎样，她以小女人的姿态始终维持着感情世界里的优势地位。

1936年2月27日，林徽因在回复沈从文的信中说："接到你的信，理智上，我虽然同情你所告诉我（的）你的苦痛（情绪的紧张），在情感上我都很羡慕你那么积极那么热烈，那么丰富的情绪，至少此刻同我的比，我的显然萧条颓废消极无用。"当时沈从文面临着感情的出轨，林徽因却心生"羡慕"。

林徽因说："你的是在情感的尖锐上奔进！……你希望抓住理性的自己，或许找个聪明的人帮你整理一下你的苦恼或是'横溢的情感'，设法把它安排妥帖一点……我也常常被同种的纠纷弄得左不是右不是，生活掀在波澜里盲目地同危险周旋……"她形容沈从文是"在情感的尖锐上奔进"，显然是说他敢于突破传统观念的樊篱。

但林徽因也不是全然没有自己的痛苦。她曾在徐志摩殉难后的一个多月的某一天写信给胡适："我的教育是旧的，我变不出什么新的人来，我只要'对得起'人——爹娘、丈夫（一个爱我的人，待我极好的人）、儿子、家族等，后来更要对得起另一个爱我的人。"

可见，林徽因当年收束对徐志摩的感情，对她来讲，是一段并不愉快的经历。她曾感慨地说："过去我从没想到过，像他那样一个人，生活和成长的道路如此不同，竟然会有我如此熟悉的感情，也被在别的景况下我所熟知的同样的问题所困扰。"不过困扰归困扰，同情归同情，林徽因是遵从了旧的教育的，她也是奉劝沈从文，同她一样收束"横溢的情感"。

获取幸福的情愫，只因你懂得属于你的真正港湾

这个小女人，从根本上来看，她还是顾家的。

林徽因虽然生活在风花雪月之中，却不是个风花雪月般的女人，她将更多的热情奉献给了她的家庭和她所钟爱的学术和艺术事业。

她虽向往浪漫，却并不钟情于浪漫，她对现实的考量永远大于对浪漫的考量，她对居家的考量永远多于对"横溢的情感"的考量。

自始至终，她都甘愿做一个小女人。

小女人，也是一种生活方式，是一种为人处世的态度。小女人不崇拜物质，也不迷恋精神，她有着自己独具一格的幸福观，她总是保持让幸福伴自己于左右，更不会偏离自己的生活轨道，即便承受着痛苦的煎熬，也不越轨。

林徽因深深知道自己可以拥有什么，知道自己想拥有什么。小女人都一样，小女人需要懂得哪些东西是自己必须要亲自打理的，也需要明白哪些东西不能进入自己的生活，不论怎样光怪陆离的物质和怎样诱人的情感，都要在它们面前保留一点距离，即使是说"不"，也要留有三分余地，能够维持住自己的尊严和领域范围内的安全就行了。

小女人是单纯的、善良的、低调的，小女人也是寂寞的、聪明的、懂爱的、负责的，她能看得透人事中的阴暗和真假，总是用简单的智慧对待复杂的局面。

　　林徽因是一个小女人，她不崇拜物质，也不迷恋精神，不会偏离自己的生活轨道，她有着独具一格的幸福观，总是保持让幸福伴自己于左右。

我们当然要做这样的小女人。

我们守"妇道"，决不传播小道消息，也不允许自己的"负面消息"外泄，在这个基础上，我们选择与人为善，不去刁难任何人，无论男人还是女人。当然，我们也要接近那些善良的人、纯朴的人、有心机但心眼儿好的人，还要接近那些和我们一样单纯的人，他们和我们一样，只是擅长守护自己的一亩三分地，从不动手去拿不属于自己的东西。

一丈之内，那个男人可能是我们自己的，但一丈之外，他就是他自己的了，我们只是小女人，活在一丈之内就已经很安全很幸福了，我们尊重任何人的独立与自由。我们也要拎得清自己的角色，做一个好女儿，一个好妻子，一个好母亲。

我们还要随时面对并战胜膨胀欲望的考验，做事快刀斩乱麻，不拖泥带水，尽管有时候很痛苦，但要习惯于享受这份平淡或者不愉快，因为我们只是小女人。

我们可以赖床，可以在男人面前撒娇，但要给他们独立的空间，同时还要守住一个小女人的贤德。

其实，像林徽因那样，甘愿做个小女人，也是很幸福的！

思
静 语
小

我们要知道自己可以拥有什么，知道自己想拥有什么。我们可以赖床，可以在男人面前撒娇，但要给他们独立的空间，同时还要守住一个小女人的贤德。

不做他人眼中的"传奇"

林徽因在她的少女时代就已经展现出了与众不同的智慧，她对自我的把握胜过了一切。

当很多女子跟随感情懵懂的指引，而忘记或者丢失了很多东西的时候，林徽因并没有忙着去追求所谓的自由、爱情。她并未在感情的路途上耗费大量时光。难怪有人说："这样的一个女子，一开始就标明心意，不做别人眼里的传奇，要踏踏实实地过一生。"

人生处处充满迷人的诱惑

多数女人往往在自己最漂亮、身材最佳的时候，是最有资本也最容易被诱惑和虚荣心牵引的，太多的人选择了传奇，而不是踏实的生活。

林徽因在英国居住的日子，其实是寂寞的，特别是父亲忙于公务的时候，一个十六七岁的女子，在异国他乡孤单地打发着一天的时光。她回忆那段光景时说："我独自坐在一间顶大的书房里看雨，那是英国的不断的雨。我爸爸到瑞士国联开会去，我能在楼上嗅到顶下层楼厨房里炸牛腰子同洋咸肉的味道。到晚上又是在顶大的饭厅里独自坐着，一个人吃饭，一面咬着手指头哭——闷到实在不能不哭！"

在那样的情况下，她遇到了徐志摩，本身就是寂寞国度里出现了寄托。徐志摩说："我将于茫茫人海中访我唯一灵魂伴侣，得之，我幸；不得，我命。"他一遇到她就把她当成了唯一的灵魂伴侣。

显然，林徽因是"在劫难逃"了。

两个人就像"偶尔交汇的两片云"一般相遇了。"我想，我以后要做诗人了。徽因，你知道吗？我查过我们家的家谱，从永乐以来，我们家里，没有谁写过一行可供传颂的诗句。我父亲送我出洋留学，是要我将来进入金融界的。徽因，我的最高理想，是想做一个中国的汉密尔顿。可是现在做不成了，和你在一起的时候，我总是想写诗。"这是诗人的倾诉，也是情感告白，他在往林徽因孤寂的生活里注入一些色彩。

徐志摩总是每隔一两天就给林徽因寄出一封信，而他的诗也是一如既往地热情洋溢："如果有一天我获得了你的爱，那么我飘零的生命就有了归宿，只有爱才能让我匆匆行进的脚步停下，让我在你的身边停留一小会儿吧，你知道忧伤正像锯子锯着我的灵魂。"

在这样的攻势下，林徽因不可能不"中招"，一个情窦初开的少女，又正是需要情感养分的时候，她难免激动，难免有幸福的畅想。她很难有逃避的余地，徐志摩彼时每隔一两天还到林家公寓喝茶、聊天，他像一个情场老手一样，不断地为自己创造同心仪的女子见面的机会。

"也许，从现在开始，爱、自由、美将会成为我终其一生的追求，但我以为，爱还是人生第一件伟大的事业，生命中没有爱的自由，也就不会有其他别的自由了。""当我的心为一个人燃烧的时候，我便是这天底下最幸运又是最苦痛的人了，你给予（了）我从未经历过的一切，让我知道（了）生命真是上帝了不起的杰作。"如此连篇累牍的诱惑，像火一样要把人燃烧，怎能不让人心动？

永远守住自己灵魂的底线

不过来自林徽因的回应，更多的是无所适从，她只是把他当作"大朋友"而已，不能上升到爱情的高度。

徐志摩对昔日结发妻子已全然没了感觉，他甚至可以在没有做任何生活安排的情况下离家出走，把怀孕的妻子一个人丢在寓所。

"真生命必自奋斗自求得来！彼此有改良社会之心，彼此有造福人类之心，其先自作榜样，勇决智断，彼此尊重人格，自由离婚，止绝苦痛，始兆幸福，皆在此矣。"徐志摩在离婚信中说道。

张幼仪是受伤最深的一个，林徽因不可能没有察觉。

不管是出于怎样的考量，林徽因郑重地珍藏起了对徐志摩的情感，对这份浪漫的情感，她不再以一个参与者的身份出现，她做了一个旁观者，只是站在远处，投以深情的凝视。

"你能帮我扛心里的重担吗？它像千斤重担，会压我一辈子。"林徽因是同情张幼仪的，她对徐的做法显然并不认同。徐追问："就为了成就那虚无缥缈的道德？"林徽因说："道德不是枷锁，而是对生命负责的态度。"

林徽因对生命的尊重与重视超出了徐志摩的想象，支撑她的想法与决定的，并不完全是道德的力量，而是"对生命负责的态度"，这是她的底线，也是她的原则。

"我不是没有来，只是无缘留下。"这是林徽因的终极回复。她不愿意同徐志摩一道追随所谓的"真生命"。

徐志摩并没有死心，后来，他看着林徽因陪泰戈尔离去的背影，写下了《偶然》："我是天空里的一片云/偶尔投影在你的波心/你不必讶异/更无须欢喜/在转瞬间消失了踪影。你我相逢在黑夜的海上，你有你的，我有我的，方向/你记得也好，最好你忘掉，在这交会时互放的光亮！"

林徽因则回之以《仍然》："你舒伸得像一湖水向着晴空里……我不断地在说话：我却仍然没有回答，一片的沉静，永远守住我的魂灵。"

林徽因以"永远守住我的魂灵"的决心，再次证明，自己不做他人眼中的"传奇"。

不屈从于诱惑，忽视了自己内心的声音

女人究竟想要什么？我们又要做什么样的女人？这个话题有时候很沉重。我相信，每个女子心中都有一段对传奇的向往，但相对而言，稳定的情感、温暖的家庭、良好而和谐的生活环境氛围等，又无一不是我们所需要的。

现如今，仍然有着太多的女子向往着徐志摩式的浪漫爱情，但浪漫归浪漫，让它停留在精神世界里是可以的，林徽因在那样的年代就做到了。但我们必须知道，什么才是我们生命中的重点。

很多不如意的女子，在重要的时候，盲目地遵从了外界的声音，或者由于贪心，或者由于诱惑，而忘记了听从自己内心深处的呐喊。她们忘记了自己的初衷，忘记了原来她们追求的东西，她们对爱情与婚姻的期许，总是那样的唯美和浪漫，常常忽略了自己的底线。

不是每个女人能都幸运地获得浪漫的幸福，能够在激情的指尖晃动而不丢掉幸福，那是极少数人的专利，即便她们看起来活得很光鲜，但也很难真正地走进幸福之门。

诱惑有时是我们情感世界的大敌，当我们接纳诱惑的时候，也诱惑了对方。我们的思维建立在不安全的基础之上，在陶醉的同时，情感也会在现实的冲击下逐步步入沙漠。

上天给予我们如水般的柔情、艳若桃花的面容和一点点的女人智慧，我们要知道，我们不是为一个概念而活的，不是为一个光荣的称号而活着的，更不是为了一个传奇而活的。我们得明白，什么是自我，什么是我们的原则，当面临取舍困惑的时候，我们作出抉择的依据是什么，我们被冲昏头脑而犯糊涂的时候心里还有没有标准，我们原本那颗温婉而柔情的心是否已冷却。

有时，传奇看起来充满光彩，但传奇注定是条孤寂的"不归路"，古往今来，多少女子粉身碎骨于一段段精美的传奇故事里？

当林徽因说出"我不是没有来，只是无缘留下"时，她的内心是敞亮的。或许她看起来有点傻，因为她拒绝了浪漫，还可能是一段非常真挚的情感，亦或许她是自私的，自私到怕应对不了鲜活的激情而受伤，还可能有来自良心上的谴责。但是，一个女子，有时还是傻一点好，自私一点好，最起码不会让他人受到伤害。

不做他人眼中的传奇，需要一分淡定和魄力。我们心中衡量利弊的价值观念，在某个模糊的情景里，做真实的自我才是存活的根本。

女人，独立自强，不做传奇，先打理好自己，而后用心经营生活。

静思
小语

当林徽因说出"我不是没有来，只是无缘留下"时，她的内心是敞亮的。不做他人眼中的传奇，需要一分淡定和魄力。我们心中衡量利弊的价值观念，在某个模糊的情景里，做真实的自我才是存活的根本。

感情，不等于生活

林徽因曾经这样告诉儿子，"徐志摩当时爱的并不是真正的我，而是他用诗人的浪漫情绪想象出来的林徽因，可我并不是他心目中所想的那一个。"

在林徽因看来，徐志摩当年疯狂追求和爱上的只是文学世界里的林徽因，而不是现实中的人。

的确，生活中不能没有感情，但感情绝对不是生活的全部，人需要感情，但终究是要生活的，所以，除了感情之外，人还要追求别的东西。

渴望轰轰烈烈的感情，更需要面对平平淡淡的现实

有人形容林徽因是从徐志摩诗歌中走出来的女子，她只是诗人心中创作的素材和文学作品的梦想寄托，诗人所追求的林徽因是一个被无数次理想化、诗化的女子，甚至是一个现实当中根本不存在的女子。

在这一点上，徐志摩和英国诗人雪莱有着惊人的相似。他爱的不是现

实生活中的某个女人，而是与他的诉求相关的女人身上的某些特质以及由这些特质所衍生出来的理想的女子。这样的女子是完美的典型，但和现实中的人或者是原型又有着本质的区别，这和文学作品源于生活又高于生活有着异曲同工之妙，但是拔高了的形象只是个人意识的产物。

林徽因是理智的，她知道她"并不是他心目中所想的那一个"，所以她谨小慎微地把握着"永远照彻我的心底"的"那颗不夜的明珠"。徐志摩说："须知真爱不是罪，在必要时我们得以身殉情，与烈士们殉国、宗教家殉道，同是一个意思。"他理解下的感情脱离了生活的常态，甚至为爱而爱，为谈感情而谈感情，不惜"殉道"。

林徽因身上只是拥有了诗人创作的某些灵感，那是诗人所梦寐以求的东西。在他的意识里，和她生活在一起，就等于和他的创作源泉生活在一起，和他理想中的人物形象生活在一起，这对他来讲，没有什么比这更重要的了。所以，相比之下，妻子张幼仪和他的亲生孩子就显得微不足道了。而这一点恰恰是在感情之余又活在现实中的林徽因所比较看中的地方，在这一片区域里，她和诗人之间是没有交集的。

在文学创作方面，她和诗人可以无话不谈，可以共同经营诗歌里的那份浪漫，甚至在这些领域里产生感情的碰撞，这都是再正常不过的事情了。林徽因的好友费慰梅形容她对诗人的爱："她是被徐志摩的性格、他的追求和他对她的热烈情感所迷住了……对他打开她的眼界和唤起她新的向往充满感激。徐志摩对她的热情并没有引起同等的反应。她闯进他的生活是一项重大的冒险。但这并没有引得她脱离她家里为她选择的未来的道路。"

也许，在林徽因的心里，诗人徐志摩同样也只是一个梦，这个梦同样也是易碎的，经不起现实生活的风吹雨打。林徽因的文学创作受到了徐志摩的影响，比如那首《你是人间的四月天》，同徐志摩的作品丰富的感情和跳跃的思维极为相似。但也仅此而已，他们在感情上的重叠区域只是由诗歌所引发的精神世界的共鸣，这种共鸣并没有延伸到生活中，所以徐的追求成了一种幻想，他无法引领林徽因与他共同迈进生活中，也就注定了他们之间的相遇相知会成为一个被封存的爱情神话。

除了感情，女人还需要追求点别的东西

女人得弄明白，生命里哪些东西是真实的，哪些东西是虚构的，感情和生活本身就不是同一个概念。

林徽因曾这样劝徐志摩："徐兄，我不是您的另一半灵魂。我们是太一致了，就不能相互补充。我们只能平行，不可能相交。我们只能有友谊，不能有爱情。"林徽因是对的，生活在一起的两个人，是需要互补的，任何脱离生活的感情都只是乌托邦式的一厢情愿。

林徽因回国前曾经给徐志摩留下一封信，她在信中写道："我走了，带着记忆如锦金，里面藏着我们的情，我们的谊，已经说出和还没有说出的所有的话走了。……上次您和幼仪去德国，我、爸爸、西滢兄在送别你们时，火车启动的那一瞬间，您和幼仪把头伸出窗外，在您的面孔旁边，她张着一双哀怨、绝望、祈求和嫉意的眼睛定定地望着我。我颤抖了。那目光直进我心灵的底蕴，那里藏着我的无人知晓的秘密。她全看见了。其实，在您陪着她来向我们辞行时，听说她要单身离你去德国，我就明白你们两人的关系起了变故。起因是什么我不明白，但不会和我无关。"

追求感情本没有错，但徐志摩做得确实有些过火了，他没给妻子张幼仪留下生活的空间，同样也没给林徽因留下空间，别人都无法承受他的感情之重。或许，这位大诗人把感情简单地等同于生活了。

据说，徐志摩的父亲非常不赞同他与张离婚，甚至不惜以断绝父子关系来阻止他，但诗人没顾及那么多，他依然做了他想做的事情，只是他没有得到自己想得到的结果。

在林徽因眼里，一碗粥、一杯开水，就是生活，生活是一种真实的状态，生活中可以有轰轰烈烈，但一直轰轰烈烈的绝对不是生活。

其实生活无非就是柴米油盐酱醋茶，平平淡淡地过小日子，有个可以依靠的安全港湾，是很多女人的追求。徐志摩有才，是个大诗人，但林徽因不可能同他一起靠啃诗句过日子，也不可能在持续不断的浓烈高潮中度过每一天的生活，尽管有爱，有感情，但生活毕竟是生活。

感情是必要的，但感情本身当不了饭吃，获得感情是必需的，但因感情而获得幸福的生活才是最重要的。林徽因同我们一样，都只是凡尘中人，生活在凡尘中就要遵循感情不等于生活的逻辑。

一碗粥、一杯开水，就是生活，生活是一种真实的状态，生活中可以有轰轰烈烈，但一直轰轰烈烈的绝对不是生活。生活中有责任，有亲情，有友情，生活中不可以没感情，但感情不是生活的全部。

诚如歌中所唱："房间空了/并不代表什么/很多东西留不得/包括温柔时刻/相互牵扯/突然没了瓜葛/我像一个旁观者/对自己唱情歌……如果我爱上你是错/原谅我/不要这结果/如果你/离开我以后/才发现/天空更宽阔/就在你/离开我以后/才会懂/感情不是生活。"如果离开对双方来说是一种解脱，那么就不要再作茧自缚，放手之后，选择平平凡凡的生活，也是不错的。

真实的幸福，永远经得起时间的冲刷与消磨

我们需要明白，虽然爱情往往会被一些生活琐事所消磨，但生活恰恰就建立在这些琐事之上。我们深陷爱河时，总以为爱情就是生活的全部，但事实上，爱情只是生活的开始。如果说爱情是一项长跑，那么生活就是跑道。我们需要调整好自己的心态，要明白爱情不是生活的全部。

女人都有一颗脆弱的心灵，而我们的生活是很现实的，因为我们必须生活在这个社会里，所以就要遵从这个社会的规则去生活。爱情有时候会发生在不该发生的时间和地点，让我们应对不及，有时候，这样的爱情很

热烈，像一团火焰，随时都可能将我们燃烧。越是这样的当儿，我们越是需要明白，爱情之外，还有生活。

我们都不是童话里的那个不食人间烟火的公主，必须适度地学会和现实妥协，要知道，平淡的生活才是爱情的最终归宿。

尽管有时候我们也会孤独，尽管有时候也不能承受一个人时孤独的折磨，但只要想简简单单、快快乐乐地活着，对得起自己内心深处的真实，就要守住爱情的底线。

我们每个人的内心世界里都有一个浪漫的自我，在外界诱因的作用下，它会时不时地跳出来左右我们的判断，让我们按它的意志去做出一些动作，来满足它的欲求，很多女子都败倒在它的脚下。我们还可以选择不听它的使唤，虽然要承受一些痛苦，但却不必承受热烈过后留下的创伤。

爱情，不等于生活。我们要爱情，更要幸福的生活！

静思
小语

我们都不是童话里的那个不食人间烟火的公主，必须适度地
学会和现实妥协，要知道，平淡的生活才是爱情的最终归宿。

第四章

人生欲获幸福，便要相守相知

———— 婚姻的幸福就是他越来越爱你 ————

　　婚姻，并不是爱情的坟墓。也许感情会倦怠，也许争吵会来临，若懂得相处之道，便没那么艰难，只要你遇到的不是万般难缠之人。坦诚、聪慧、真实，尽显相处的智慧。

真实的自己最惹人疼惜

梁思成曾经对后来的续弦林洙透露道："做她（林徽因）的丈夫很不容易……我不否认和林徽因在一起有时很累，因为她的思想太活跃，和她在一起必须和她同样反应敏捷才行，不然就跟不上她。"看来，一个女人，能让一个男人心甘情愿如此不轻松地陪她走过那么多年头，的确不简单。

真实，是你最宝贵的资本

"你给了我生命中不能承受之重，我将用我一生来偿还！"这是倍受优秀男子喜爱的女子对她所选择的男子做出的承诺，这是令世间男子无法拒绝的话语。梁思成既然知道，他的妻子是那么的优秀，自然珍惜有加。

无疑，林徽因展示了一个真实的自己，她总是让她身边的人看到真实的她，从而使他们不得不产生疼惜之情。

1918年，林徽因与梁思成初次见面，林徽因14岁，梁思成17岁，林给对方留下了深刻的印象，清新飘逸，楚楚动人，如一滴馨香的露珠，沁人心脾。

后来的一件事，更加加深了他们之间的感情。在一次"五四国耻日"游行上，梁思成意外受伤，伤得很重，连梁启超也说："这时候，我的心差不多要碎了……当我看到他脸上恢复了血色的时候，我感到欣慰。我想，只要他能活下来，就算是残废我也很满足了。"当时林徽因尚未与梁思成成亲，但当她得知梁发生车祸的消息后，悲痛不已，很快便守在梁思成的病床边，居然半天都顾不上吃饭，陪他聊天、说笑、安慰，帮他擦汗、翻身等，自不待言。

梁启超对林徽因的表现格外满意，他后来说："徽因我也很爱她，我常和你妈妈说，又得一个可爱的女儿……老夫眼力不错吧。徽因又是我第二回的成功。"

林徽因表现出了自己的真诚和率性，带给人的是一种认真、稳妥的印象，这也是她与人相处的智慧。在万千荣华中，在各种夺目的光圈中，林徽因维系的是她的那份自我的真实。

用适合自己的方式展示真实的自己

林徽因的母亲是继室，自被冷落。林徽因难免有些自卑的心理，她也有自己的孤寂与痛楚，当她从别人那里获得身份和地位的印证时，她也需要从中得到一些平衡。苍凉是她内心的真实面，诚如她写的那样："我数桥上栏杆龙样头尾像坐一条寂寞船，自己拉纤"，又说："我在热闹非凡的人群中，体会的是越发的苍凉与孤独，孤独原本是无处不在的。"如此真诚情感的流露，真是一副可人的模样，恐怕没人不生出爱怜之心。

林徽因常常在晚上写诗，与别人不同，她在写诗的时候，要"点上一炷清香，摆一瓶插花，穿一袭白绸睡袍，面对庭中一池荷叶，在清风飘飘中酿制佳作"。林徽因的堂弟林宣说："我姐对自己那一身打扮和形象得

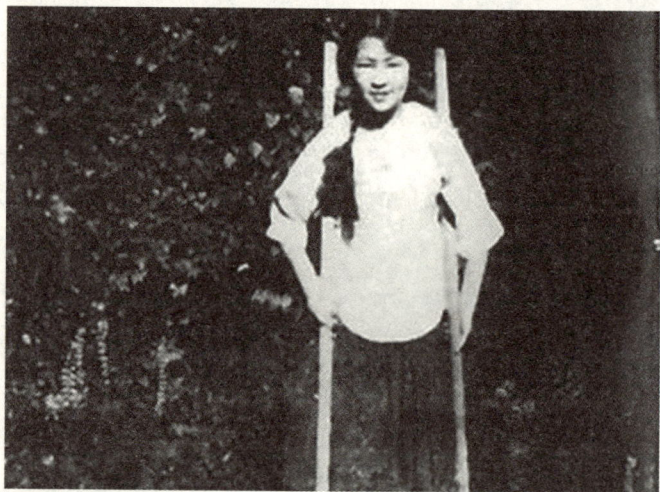

　　林徽因是一个率真的女子，对人很真诚，表达很坦率，这也是她与人相处的智慧。她相貌出众，才学过人，但从不矫揉造作，这对任何一个男人都有着巨大的吸引力。

意至极，曾说'我要是个男的，看一眼就会晕倒'，梁思成却逗笑道，'我看了就没晕倒'，把我姐气得要命，嗔怪梁思成不会欣赏她，太理智了。"这是一个自恋的林徽因，一个自恋得有些可爱的林徽因，她的这份自恋是对男子的致命诱惑，谁人都难以逃离。

李健吾在《林徽因》中提到，当着林徽因的谈锋，人人低头。平时滔滔不绝的叶公超在酒席上忽然沉默了，口若悬河的梁宗岱一进屋子就闭拢了嘴，这是为什么呢？因为他们看到林徽因在场。有人笑道："公超，你怎么尽吃菜？"公超没有说话，只是指了指"指点江山"的林徽因。又有客人笑道："公超，假如徽因不在，就只听见你说话了。"公超说："不对，还有宗岱。"可见，林徽因在圈子里是个爱出风头的女人，当然这也是她富有才华的象征，因为不是所有的人都能在人才济济、大腕倍出的圈子里有那么多的发言权。

一个女人，真的需要用适合自己的方式展示真实的自己，当然也是能拿得出手的方式，而不是全然的哗众取宠。

不必掩饰，真实的你会换回更多的爱

很多人都说，林徽因是一个情感自私的女子，从爱情到婚姻，她看中最多的是自己，别人都很少能进入到她的思维领域，无论是谁。因此她能保证在诗人的疯狂追求下独善其身，理智地选取自己需要的情感。这更是一种难得的真实，因为唯有完整了自己，才能有正确的抉择，也才能给他人完整的爱与生活。

一句"我懂得，但我怎能应和"，成了林徽因对徐志摩的终极态度，但诗人却为了听她一场本来无足轻重的讲座而坠机身亡，而她，却把坠机的残骸挂在卧室，伴其余生。这是一种态度，是一种情感的态度，当然，这也是一种体现了真实自我的态度，这种态度能让她的丈夫为其预留出足够的回味空间。她到死都没有摘下那片残骸，她并没有顾忌丈夫的感受，只是那样做了，坦坦荡荡，丈夫自然知道那是她对故人的一份爱意，或者是对旧情的一种纪念或留恋，但不管怎样，他都默许了，还有，那片残骸居然是他亲自为她取来的，她为了自己，他却为了她。

女人要活出真实的自己，真的很重要，有时能赢得更多、更真实的爱。

能够真实地活，本来就是一种幸福，因为遮掩真实是痛苦的，而真实能让别人更清楚地看到我们自己。我们所有的悲欢离合、喜怒哀乐，在别人那里都一览无余，我们对别人是真正的信任，对自己也是真正的信任。唯有真实才真正属于自己，唯有真实才能换来别人的信任。

我们或许表现得很傻，或许本就很懦弱，也或许有些自私，但不论怎样，我们不是做作的女人就好。

我们在不同的环境下有不同的表现，在不同的场合讲不同的语言，有时施展自己的矜持，有时暴露自己的肆无忌惮。我们懂得大胆而自信地说出心里想说的话，做自己想做的事，而且所有的动作都绝对不是刻意的做作，我们从不在举止和言谈上刻意修饰，不装淑女，不为迎合他人而温柔，不为保持尊贵而矫情。

我们遇到不如意的事，就发泄出来，没必要收敛自己的真实，没必要让自己在不真实中活得太累，尽管去做自己，不要在意别人如何看待我们，因为真实的自己是最容易让人接受的，也是最容易让人心生疼惜的。

女人的真实，是本能的涌现，也是自然的流露，我们的学识、气质、柔情……一切总是自然而清新的，我们让真实从身体里慢慢地表露出来，不单独为任何人和事而改变这份真实。

做一个真实的女人吧，真实的女人是真正美丽的女人，让男人为我们的真实"埋单"吧，让男人为我们的真实喝彩吧，让男人为我们的真实折服吧。好好地做自己，真实而自然，有品位的男人都会为我们的真实美丽而感动。

做真实的自己，生活反馈给我们的一定会是一种温馨而自然的生活，一定是男人给我们的更多的疼惜与爱！

静思小语

好好地做自己，真实而自然，有品位的男人都会为我们的真实美丽而感动。做真实的自己，生活反馈给我们的一定会是一种温馨而自然的生活，一定是男人给我们的更多的疼惜与爱！

让人缄默，也是一门艺术

　　对林徽因感情生活的描写，现今流行的各种回忆录、人物传记的描摹形式无一例外的隐晦、朦胧，带着那么点想象的成分，恰如中国山水画般的写意效果，令人遐想联翩。

　　即便是与之关系亲密的女儿梁再冰，恐怕也要在日常生活的观察与想象中构筑父母的情感生活。事实是，除了当事人，怕是没人能真正洞悉和解释林徽因与梁思成、徐志摩以及金岳霖之间复杂的关系和真实的心理活动。

　　你无法到达，只能近似。而明摆着的"事实"，浪漫而又带着传奇性。

让人沉默，这是你的魅力

　　16岁的小姑娘初遇爱情，在家中邂逅了父亲的好友徐志摩，浪漫多情的徐志摩对林徽因一见倾心。之后的欧洲出游，与徐志摩的再次相遇以及相恋，一切都顺理成章。然后，便是徐志摩离婚，再赴欧洲，而佳人已去，只好黯然回国，此情事亦无疾而终。林徽因理智地选择了离开，结束了这段激动人心的初恋，选择了不成为他人眼中的"传奇"，走向了人生一条普普通通的路。

之后，便是与梁思成甜蜜美好的相恋。两个人经历了车祸，共赴欧洲求学，结婚，蜜月，回国任教于东北大学等一系列历程。这段感情，平实简单，不招摇却幸福满满。

然而，故事到此还没结束。林徽因生命中的第三个男人出现了，他就是大哲学家金岳霖。这段感情发生在两个人婚后，对于这段感情的描述，有记载这样写道：

林徽因、梁思成夫妇家里几乎每周都有沙龙聚会，金岳霖始终是梁家沙龙座上常客。他们文化背景相同，志趣相投，交情也深，长期以来，一直是毗邻而居。金岳霖对林徽因人品才华赞美至极，十分呵护；林徽因对他亦十分钦佩敬爱，他们之间的心灵沟通可谓非同一般。甚至梁思成林徽因吵架，也是找理性冷静的金岳霖仲裁。金岳霖自始至终都以最高的理智驾驭自己的感情，爱了林徽因一生。

可以确信的是，林徽因与金岳霖确实彼此相爱，为此，金岳霖终生未娶。或许，只一个"终身未娶"便可道尽林徽因耀眼的女性魅力，也许，一身诗意的她，确受得起这默默无声的爱之誓言。

沉默，是应对微妙关系的方式

林徽因的魅力还不止于此。

一个女人，可以让人无声的缄默，保留住彼此之间最美好的秘密，不论是好的还是不好的，需要有怎样的魅力啊！如果不是被爱得够深，又怎

　　梁思成（右一）与金岳霖（左一）是生活中的好朋
友，这两个男人同时深爱着一个女人——林徽因（中）。
他们之所以能成为朋友，都是因为爱。爱有多深，宽容就
有多深，中伤和哭诉就有多肤浅。

会受到如此美丽的待遇？

　　林徽因的一生隐藏着许多矜持的缄默，对与她有过感情纠葛的三个男人来讲，沉默是应对彼此之间微妙关系的一种方式。

　　保留住一丝回旋的余地，不招摇，不争吵，淡淡地无声地"诉说"。也许，这是特殊人物的特殊作风，但将之拿来衬托林徽因的独特人格魅力，却是再好不过。

　　一向大大咧咧，肆意抒发自己的心灵感慨，浪漫热烈的徐志摩，在林徽因面前，也表现出了少有的缄默，对于彼此之间相处的点点滴滴，除了朦胧美丽的大量诗篇有所勾勒指代之外，其他的却是一语未发。也许这是一个诗人特有的表达情感的方式，但于其之后结识的陆小曼而言，徐志摩却显然没有这样的矜持与沉默。

　　说到金岳霖，更是一生默默地守候在林徽因的身边，扮演着一个知己的角色，即便在林徽因辞世之后，面对采访者，他也是沉默良久，"我所有的话，都应该和她说。我不能说、我没有机会和她自己说的话，我不愿意说，也不愿意有这样的话。"即便是自己相守一生的丈夫梁思成，面对妻子的一生也是缄默。此时，语言是多么无力、苍白。

　　所有这些，也许无非证明了出现在林徽因生命中的三个男人对她爱的深度，但同时也间接证明了她光彩四射的独特女性魅力。

　　也许，在现实社会中，我们不可能有倾城之姿、才华万千，不可能博得万千男子的宠爱。但我们可以学会让人缄默的艺术，让他人尊重你，疼惜你，在乎你。

　　这是一种美丽的力量，在如今没有什么不可以曝光，连最阴暗深远的角落都藏不住秘密的社会里，拥有让自己爱的人在乎你的感受，自愿保护你隐私的魅力，的确美好。

　　夜深才听得见彼此的呼吸声，热闹的世界才可窥见缄默的可贵。人天生具有好奇心，越是不同寻常，越能引起对方的兴趣和尊重。

保持缄默，这是一门深奥的艺术

那么，如何才能让他对你"缄默"呢？

这恐怕是一门艺术，一门深奥的艺术，甚至不能勾画出一个完整的可以教条的轮廓。往抽象里说，若你没有温暖人心的气质、融化冰川的笑容、遵守原则的内心基石，又怎能获得他人心甘情愿的关心、疼惜与保护？但没有人告诉你到底哪一种个人修养会触动他人的心理防线，甘愿为你臣服，只静静地凝视你。事实是，你需要一点灵气和聪慧，能把握自己身边的世界，并根据实际情况调整自己的角色。

恰如林徽因，面对追求浪漫的徐志摩，可以俨如小姑娘，天真浪漫；面对梁思成，可以聪明绝顶，滔滔不绝；面对金岳霖，又能志趣相投，倾心聆听。

我们常常遇到这样的情况，自己的朋友或相爱的人，将自己掏心掏肺的话和不可轻易让人知晓的秘密他们生活闲聊的调料，毫不在乎自己的感受。特别是在婚姻中，只要一发生矛盾，就争吵不休，相互中伤，揭 露对方的隐私，最后弄得伤痕累累。

归根结底，只因不懂得适当地缄默，又或者，你没有让自己的爱人甘愿缄默的力量。而这里的"缄默"，并非指完全不说话，而代表着一种理解与尊重。

林徽因与梁思成的婚姻，也穿插着不少矛盾，对于一些鸡毛蒜皮的小事，可以颇有生活情趣的找毗邻而居的好朋友金岳霖当仲裁，丝毫不减其感情，反而还有助于调节彼此的感情。而于梁思成而言，有一个才华斐然、聪明绝顶的妻子，自然会招致很多人的爱慕，金岳霖就是其中之一。林徽因与金岳霖的相爱，曾带给了梁思成怎样的伤痕，我们并不知晓，这其中的缄默，包含着爱、委屈、无奈等五味杂陈的感觉吧。

结果只是缄默，因为爱有多深，宽容就有多深，中伤和哭诉就有多肤浅。

总是震撼于这样的感情，这样相濡以沫、患难与共的婚姻。作为一个女人，林徽因无疑是成功的，她可以轻轻松松地就让他人保护自己的秘密，让身处局外人的我们只获得蒙着雾气与朝霞的美丽"爱情故事"。这种缄默，不仅发生在婚姻与爱情之中，即便是在朋友之中，你也很难获得有关林徽因的有"窥视"价值的信息。

细细琢磨让人缄默的艺术吧，我实在无法告诉你一个具体的做法，或许，你可以先从"缄默"开始，慢慢到达"让人缄默"的境界，谁不喜欢有点神秘的女子？也只有你懂得了适当地"缄默"，才能吸引爱你的人，影响从来都是相互的。

静思小语

你可以先从"缄默"开始，慢慢到达"让人缄默"的境界，谁不喜欢有点神秘的女子？也只有你懂得了适当地"缄默"，才能吸引爱你的人，影响从来都是相互的。

坦诚相对，一切都会变得简单

　　遇到感情困扰时，她居然毫不忌讳地向自己的丈夫敞开心扉，诉说心中的痛苦，这已然是天大的坦诚。

　　林徽因的坦诚换来了梁思成诚心的回应，他把自由抉择的权利交给了林徽因自己，当然，林徽因并没有被这份权利宠坏，而是从中看到了丈夫对自己的真心与爱，从而更加珍惜夫妻之间的情分。另一方面，第三个人也坦诚地选择了退出。

　　一份坦诚，使得看似复杂的事情，变得如此简单。

诚心诚意，让复杂的事情变简单

　　在梁思成的天性中，他一向都是严谨的，在结婚之前，他认为自己和林徽因之间有一种"没有正式订婚"的亲密关系，常常萌生出责任感，从而希望按自己的意志去约束她。而林徽因先是赴欧洲，后又去美国，对自由文化有着情有独钟的青睐与信仰，对来自梁思成的管束反而不太放在心上。每每此时，梁思成却表现得非常体贴。据说，每次约会，梁思成都要在女生宿舍下面等好长一段时间，林徽因总是打扮好才下楼，为此，梁思永还为他们这段故事写了一副对联，上联是"林小姐千装万扮始出来"，下联是"梁公子一等再等终成配"，横批是"诚心诚意"。

可见，坦诚是他们在默契中积累起来的一贯态度。

金岳霖也是他们坦诚的最好见证。林洙在她的书中这样写道："我曾经问起过梁公金岳霖为林徽因终生不娶的事。梁公笑了笑说：'我们住在总布胡同的时间，老金就住在我们家后院，但另有旁门出入。可能是在1931年，我从宝坻调查回来，徽因见到我哭丧着脸说，她苦恼极了，因为她同时爱上了两个人，不知怎么办才好。她和我谈话时一点不像妻子对丈夫谈话，却像个小妹妹在请哥哥拿主意。听到这事我半天说不出话，一种无法形容的痛苦紧紧地抓住了我，我感到血液也凝固了，连呼吸都困难。但我感谢徽因，她没有把我当一个傻丈夫，她对我是坦白和信任的。'"

林徽因把这种坦荡做到了极致。

"我想了一夜该怎么办？我问自己，徽因到底和我幸福还是和老金一起幸福？我把自己、老金和徽因三个人反复放在天平上衡量。我觉得尽管自己在文学艺术各方面有一定的修养，但我缺少老金那哲学家的头脑，我认为自己不如老金，于是第二天，我把想了一夜的结论告诉徽因。我说她是自由的，如果她选择了老金，祝愿他们永远幸福。我们都哭了。"梁思成也是经过了复杂而痛苦的思想斗争才告诉林这个结果，他对林徽因的这种坦诚显然没有足够的思想准备。

林徽因后来把梁思成的意思转告给了金岳霖，老金的回答是："看来思成是真正爱你的，我不能去伤害一个真正爱你的人。我应该退出。"林洙说："从那次谈话以后，梁思成再没有和徽因谈过这件事。因为他知道老金是个说到做到的人。徽因也是个诚实的人。后来，事实也证明了这一点，他们三个人始终是好朋友。他自己在工作上遇到的难题也常去请教老金，甚至连他和徽因吵架也常要老金来仲裁，因为他总是那么理性，把他们因为情绪激动而搞糊涂的问题分析得一清二楚。'"

有了坦诚，原本复杂的事情变得简单了，三个人消除了误解，从此毫无芥蒂，成了好朋友。

听从"主我"，不要"累"垮自己

林徽因是个懂爱的女子，她说："如同两个人透彻地了解，一句话打到你心里，使得你理智和情感全觉到一万万分满足；如同相爱：在一个时候里，你同你自身以外另一个人互相以彼此存在为极端的幸福；如同恋爱：在那时那刻，眼所见，耳所听，心所触，无所不是美丽，情感如诗歌自然地流动，如花香那样不知其所以。"她所说的"透彻地了解"其实也是一种坦诚，在坦诚里，她也能获得"情感如诗歌自然地流动"般的享受与快乐。

林徽因用她的坦诚成全了她的经典爱情与婚姻的神话，度过了幸福的一生。

临床心理治疗师发现，那些不够坦诚、不敢表达内心需求和愿望的女性最容易患上抑郁症。她们总是把事情或者感情弄得很复杂，从而把自己"累"垮。

事实上，在我们的生命里，总有两个自我在对话，一个自我很清楚地知道自己内心深处的真实想法和感受，它总是坦诚的，它所发出的声音也是最真实的，这是"主我"；另一个自我则总是隐瞒真实的感受与想法，总是无情地谴责真实的自我，这是"他我"。

如果"他我"控制了我们的"主我"，我们就会习惯于否定自己内心真实的想法、感受和愿望，也总是倾向于否定自我，贬低自己的感受，隐藏真实的自己，甚至为顺应他人不惜在一定程度上牺牲自我，并以此来得到对方的认可。

如果林徽因不坦诚地向梁思成讲出实话而选择死扛，恐怕她会把自己逼疯，好在她没有任凭真实的自我泯灭，她选择了倾听"主我"的呼声，她肯定了自己的智慧。

坦诚相见不是见异思迁，而是负责任

不少女人都希望与他人建立起亲密关系，也想发展和表达自己的情感或兴趣，但总觉得在自我上的坦诚会毁掉亲密关系，比如会葬送爱情或者婚姻。她们思量再三，为了保全关系，最后盲目地选择迎合男人，这样就使原本并不复杂的事情复杂化了，被她们迎合的男人也会感到不舒服，他们反而可能会因此气恼，因为她们无法弄清楚对方真实的想法，她们的思维不能建立在真实的信息基础之上，当然就无法与其坦率、真诚地沟通。

在这一点上，林徽因是聪明的，她坦露了自己的心声，获得了梁思诚的回应，一切也就简单化了。所以，女人要学会清楚干脆地表达自己的想法和感受，不要说一半藏一半，留给男人过多的猜测，被弄得"丈二和尚摸不着头脑"。这样的潜台词往往会累倒很多男人，尤其是那些粗枝大叶的男人，他们根本猜不透女人心，不了解，自然无法理解，也就没办法正常地交心，彼此也会因缺少沟通而造成关系紧张，甚至关系破裂。

在平时的相处中，彼此需要更多的是心与心的交流，所以不该有任何的文过饰非。只有坦诚才有真实的情感，以人心换人心，以真心才能换真心。坦诚也不是见异思迁，更不是朝三暮四，它是对感情、对家庭、对爱人的一种责任。

男女双方应该同心同德，可以培养共同的兴趣，也可以追求共同的利益，但不可以不坦诚。一个坦诚的女人，才能真正享受到美好的爱情婚姻生活。坦诚是对对方的尊重，同时也是对自己的尊重。

　　我们或许会困惑于一些问题，比如过去的经历该不该告诉对方？现在的疑惑要不要让对方知道？我们为什么想把事情讲出来？是为了自己、为了对方还是为了大家？但不管怎样，坦诚都是一种信任的建立，如果不想让事情变得复杂，就坦诚讲出来。如果闷在心里的话，我们可能会自责内疚，不能面对自己，也不敢面对他人和新的生活。

　　坦诚相对，我们就能卸下自己心里所有的重压和负担，从而给我们的爱人一个更加轻松、愉快、自然的自己。

　　女人们，坦诚一些吧，让一切变得简单起来，真实的自己才让人喜欢！

静思小语

　　坦诚不是见异思迁，更不是朝三暮四，它是对感情、对家庭、对爱人的一种责任。坦诚相对，我们就能卸下自己心里所有的重压和负担，从而给我们的爱人一个更加轻松、自然的自己。

把握好相处的距离

"做她的丈夫很不容易。中国有句俗话，'文章是自己的好，老婆是人家的好。'可是对我来说，老婆是自己的好，文章是老婆的好。我不否认和林徽因在一起有时很累，因为她的思想太活跃，和她在一起必须和她同样地反应敏捷才行，不然就跟不上她。"这是后来梁思成谈论对林徽因的感觉。

的确，两个人生活在一起，距离的把握是项技术活，两人的思维必须保持在同一个频率上才能获得和谐的生活。

两个人相处，距离最好在转身之间

梁思成说："林徽因是个很特别的人，她的才华是多方面的。不管是文学、艺术、建筑乃至哲学她都有很深的修养。她能作为一个严谨的科学工作者，和我一同到村野僻壤去调查古建筑，测量平面爬梁上柱，做精确的分析比较，又能和徐志摩一起，用英语探讨英国古典文学或我国新诗创作。她具有哲学家的思维和高度概括事物的能力。"虽说林徽因的节拍相对快了些，但她还是努力维护和丈夫之间距离的和谐感，她做到了，并得到了丈夫的高度认可。

作为两个个性完全不同的人，林徽因热情、要强，富有个性，梁思成稳重、冷静、低调。一个像一团火，一个像一汪清水，本来是有些水火不能相融的，但他们通过共同的志趣和对彼此真诚的爱，将他们的个性完美地融合在一起。

在野外的工作中，是不可以少了林徽因的，否则梁思成会觉得浑身不舒服。他在给林徽因的信中说："你走后我们大感工作不灵，大家都愉快地回忆和你共处工作的畅顺，悔惜你走得太早。"是的，他早已习惯了身边的她，她必须处在他一转身的距离内，不然他就会"六神无主"。

经常外出考察的梁思成，有时难免让双方的距离远了一些，此时金岳霖对正怀着身孕的林徽因悉心照顾，使得林徽因对他萌生了一种感情，从而才有了梁思成考察回来后林徽因苦恼的倾诉。

两个人相处，距离是需要近一些的，要不然对方一转身，没有发现你的身影，会顿时失去安全感。而太远的距离则是一个危险的信号，一方可以暂时脱离对方的视线，但绝对不要太久。

有时候，女人是男人的心灵靠山，女人亦必须深谙此道，方能于轻松之间驾驭男人的心。

或远或近，有时也是一种美丽

在"太太的客厅"里，林徽因总是能成为最亮眼的人物。虽然客厅里汇集了当时的各界名流，但她毫不掩饰自己的个性与激情。梁思成深深理解她的做法，他的一贯态度就是沉默，给了她充裕的自由，让她按自己的想法去为人处世，成全她所有的意愿。林徽因的单纯，她的不崇拜物质，以及她对出入世之间的把控，都让她赢得了与丈夫相处的优越距离。毕竟，在所有的聚会上，如果没有梁思成的配合，林徽因的"独角戏"是唱不下去的。

本来算得上是千金大小姐的林徽因，嫁入梁家后并没有享受养尊处优的生活，除了诗文建筑，柴米油盐的琐碎生活也经营得井井有条。战乱后的折腾令她的身体每况愈下，在那样的情况下，她还坚持打理家务等相关事宜，她给予梁思成的更多的是感动和心疼，所以当他们的景况略微改善后，林徽因的身体好转了，梁思成像是过年似的把这个好消息四处转告。

把握好相处的距离，需要真心的付出，将真正的爱延伸到生活的点点滴滴中。

在林徽因所有公开的文字里，人们好像看不到半点对梁思成或者那个家庭的丝毫不满或抱怨，她对家庭与丈夫始终有着强烈的爱与关照。而她获得的回报是，梁从徐志摩遇难的现场找回一块飞机残骸交给林徽因，并允许她郑重地将其长期挂于墙面显眼的地方。当林徽因说出对金岳霖的好感时，他居然说，若是真的，那就嫁给他吧。他们之间的距离真的是可远可近，在弹性之间，在一波三折中却没有形成波澜。连林洙提到林徽因时也说："她是我一生中所见到的女子中最美、最有风度的。"

距离的确也是需要经营和精心打理的，虽说是距离产生美，但也要合适的距离，很多时候距离太近反而易使双方受伤，而距离太远，让对方转身的时候找不到，又怎能产生美呢？

恰到好处的距离，才能很好的互相包容

有一个故事说，有两只豪猪在严寒中伏卧在一起，想得到对方的温暖，但由于靠得太近，它们身上的刺却刺伤了对方，又只好相互分散到适当的距离，以达到既不受伤害又不失温暖为止。所以，夫妻之间应该有个

适当距离才好，唯有把握好相处的距离，才能互相包容对方身上不同的素养、性情、爱好、观念、习惯和其他所有的差异，同时又能维护良好的感情。

由于我们生活的环境不同，接受到的资讯信息不同，也就有着不同的情感取向和价值观。作为独立的个体，其实不管男人还是女人，每个人都有自己独立的空间，也都有一些存在于内心深处不想与他人分享的人生经历及感受，所以彼此之间的距离可以说在一定程度上决定了两个人相处的幸福指数。

不太聪明的女人往往刻意要求对方公开他的"秘密空间"，甚至认为对方公开透明的程度是爱的忠诚度的考量标准，于是乎，QQ密码、手机短信、通讯记录、个人邮箱等都要向"组织坦白"，有句话叫"水至清则无鱼"，这种没有距离感的感情其实是让人无法呼吸的，就像抓沙子一样，越是想抓得紧、抓得多，反而流失得越快，也越多。等到对方实在受不了了，可能就是他要离开的时候了，所以太近的距离是很有杀伤力的，同时女人也阻断了自己的退路。

当然，成天腻在一起也未必是件好事，久而久之也会造成审美疲劳，林徽因的偶然离开，反而为梁思成留下了更美好的印象和念想。

太远的距离自然不好，尤其是当下的社会，条件好的男子在正常的情况下尚有人盯着，一旦产生长期的距离差，岂不是给别人腾出了时间和机会？有不少的感情就是在这样的当儿被瓦解了，造成了既成事实，责怪谁都是没有意义的，只能怨我们自己没有打理好彼此之间的距离，是自己给别人创造了时机。

可取的做法是，偶尔出次小差，或者偶尔回趟娘家，少则一天两天，多则三天五天，让对方略有牵挂，但不至于分心，甚至不给他提供任何可以让别人加温的机会，自己就回来了。他当然会念着我们的好，平时衣来伸手饭来张口，但当你小离几日，他才发现原来有女人的日子才真叫日

　　本来算得上是千金大小姐的林徽因，嫁入梁家后并没有享受养尊处优的生活，除了诗文建筑，柴米油盐的琐碎生活也经营得井井有条。

子，所以才有"小别胜新婚"的说法，的确是有一番道理的。

适当地创造时空的距离感，有时真的可以创造出一个新的境界，为感情生活注入更加新鲜的活力与滋味。适时地给婚姻减压，让各自保留新鲜感，为生活增添更多乐趣。

我们且告别那种侦探式的做法吧，不要动不动就侦察男人的生活，不去看他的短信和通话记录，给他足够的空间和安全感。我们应该做的是，做好自己，做自己该做的事情，像林徽因一样，把自己角色范围内的事情做得尽善尽美，让人只有感动的份儿，距离只在弹性之间，主动权还是要掌握在自己的手里。

据西方心理学家研究发现，男欢女爱亲密如初的感觉最多只能持续3个月。所以我们要懂得这个时间周期，不要过了几年了还依然故我。把握好相处的距离，诚如心理学家所说的那样，"随着时间的推移，人们对过去事物的回忆具有某种扬善弃恶的本能，会忘却或者忽视对方的缺点，会反思凸显对方的优点"，把握好距离，也就等于把握住了幸福。

让我们从内心深处认识到距离的美和作用，充分尊重对方相对独立的品质和人格，让感情永远保鲜，也让我们在男人心中永远充满魅力。

静思
小语

男欢女爱亲密如初的感觉最多只能持续3个月，所以我们要懂得这个时间周期，不要过了几年了还依然故我。让我们从内心深处认识到距离的美和作用，充分尊重对方相对独立的品质和人格，让感情永远保鲜。

争吵，要有度

　　因为个性和脾气的差异，林徽因和梁思成之间难免会经历一些感情的挣扎，甚至有时会爆发激烈的争吵。他们都是从年轻走过来的，在还没学会宽容对方的时候，争吵自然在所难免。

　　都知道林徽因心直口快，有人说她是刀子嘴豆腐心，而梁思成善于沉默，被亲戚称做"烟囱"，但再好的脾气也有爆发的时候，再好的烟囱也会有堵塞的时候。有人说，他们俩都爱面子，如果遇到别人在旁边时，他们居然会改用英语继续争吵。

　　争吵，似乎是夫妻的必修课。

吵架，是再正常不过的事

　　或许是对这两个人都有深刻的了解，梁启超在他们结婚时曾如此写信："你们俩从前都有小孩子脾气，爱吵嘴，现在完全成人了，希望全变成大人样子，处处互相体贴，造成终身和睦安乐的基础。"梁启超告诉他们俩，成家之后都要变得成熟，不要再像小孩子那样吵来吵去，老人家真是用心良苦。

根据记载，林徽因和梁思成曾经发生过一次特别大的争吵，事后梁思成乘火车去外地出差了，而林徽因却为此痛哭了很长时间，一天只睡了三四个小时。最后的结局是梁思成在火车上连发了两封电报和一封信，使得两人"化干戈为玉帛"，日子又恢复了昔日的平静。

当时林徽因对沈从文说："在夫妇之间为着相爱纠纷自然痛苦，不过那种痛苦也是夹着极端丰富的幸福在内的……冷漠不关心的夫妇结合才是真正的悲剧。"她认为夫妻争吵是因为彼此有爱，彼此在乎对方，有争吵的爱才是真的爱，而两个人如果没感觉了，自然不会争吵，两个人不在乎彼此了，也自然不会争吵。

显然，林徽因把握住了夫妻间争吵的"度"，没让其任意泛滥成灾、一发而不可收拾。当然，争吵中必须有一个率先作出妥协。

争吵的确是痛苦的，梁思成曾给大姐梁思顺写过信，倾诉争吵后的痛苦："今年思成和徽因已在佛家的地狱里呆了好几个月。他们要闯过刀山剑林，这种人间地狱比真正地狱里的十三拷问室还要可怕。但是如果能改过自新，惩罚之后便是天堂……其实我们大家都是在不断再生的循环之中。我们谁也不知道自己一生中要经过几次天堂和几次地狱。"真是一念天堂，一念地狱，不过话又说回来，哪对夫妻没争吵过呢？

好在他们中间还有一个金岳霖，每当他们夫妇发生争吵，金都会去从中说和，调解他们的"纷争"。

有一个好邻居也很重要，他（她）能够在二人争吵的时候出现，有时确实会起到很大的作用，避免两人长时间的"死磕"。

在日常生活中，夫妻间争吵是再正常不过的事情了，很多夫妻就是这么争争吵吵地过了一辈子的，争吵已然成了他们生活中不可或缺的一部分。传说中也有夫妻能几十年如一日地和睦相处，相敬如宾，相濡以沫，彼此之间从不争吵，如果真有这样的夫妻，我想那也只是凤毛麟角吧。我们都是寻常百姓，争吵总是难免的。

爱尔兰著名女作家伏尼契在《牛虻》中说："争吵是生活中的盐。"如果生活中少了这"盐"，可能会变得索然寡味。但争吵归争吵，若是一味地吵下去恐怕也不好，所以还是要把握好争吵的度，见好就收，这样才不会对生活造成太大的影响。

把握好"度"，才不会让争吵泛滥成灾

那么，怎样才能把握好夫妻争吵的"度"呢？

我们都知道，争吵都是因思想分歧、想法见解不同而发生，即使是鸡毛蒜皮的小事，也可能会引发规模不小的争吵，遇到问题时又都认为自己是正确的，对方是错误的，不然就不会吵起来了。当我们各执己见时，又总是希望对方放弃自己的看法及做法，顺从自己的意思，或者顺从自己的想法去做事，在这个过程当中，又总是批评或者指责对方的"不是"。所以，争吵也要"约法三章"，不然一发而不可收拾，小事闹大，彼此伤了感情，就不值得了。故而，应该遵循"团结——批评——团结"的原则，至少有一方要先妥协下来，发泄也好，折腾也好，总要有个头，毕竟日子还要过，两个人还要在一起生活。

不少人认为，眼前这个男子是自己看走眼了，从而在争吵过程中或过后会萌生出离婚或分手的念头，其实这是很危险的想法。他现在的好与坏都是你当初认可了的，之前你看到更多的可能是人家的优点，而相处时间久了，可能看到较多的却是人家的缺点了，所以左看不舒服，右看也不舒服，你不舒服，他也舒服不到哪儿去，所以就要争吵。你即使与他分开了，再选择一个你觉得比他强的，同样还要经历这个过程，很多时候是我们自己出现了问题，凡事都应该先从自己身上找原因，否则就是换了神仙

与我们一同过日子，也还是避免不了争吵。

我们要明白，争吵只是"人民内部矛盾"，不是"敌我矛盾"，明白了这个宗旨，才不至于因争吵使两个人闹得关系破裂，也没必要非得争个雌雄与输赢，占了上风又如何，毕竟那个人是你最亲近的人，可能还是陪你一生最长时间的人，所以适时停止争吵，和谐才是结局。

莫揭"伤疤"，不要扩大"打击面"

争吵切忌攻击对方的弱点和"软肋"，吵得再狠也不要去揭对方的"伤疤"，更不能波及到对方的长辈与其他不相关的人，肆意扩大"打击面"，你树立的"敌人"越多，越难收拾局面，到最后"擦屁股"的还是你自己，何必跟自己过不去呢？

《孙子兵法》说："上兵伐谋，其次伐交，其次伐兵，其下攻城。"战场上尚且如此，何况是夫妻呢？最好不要动手，始终遵循"君子动口不动手"的原则。双方本来只是争吵，有人嫌不过瘾，就大打出手，那是最没素质的低端动作，打就逾越了争吵的范畴，是毫无意义的。

所有的争吵无非是想让对方"服从"自己，很多时候，我们的行为与目的是不相称的，目的是让对方"服从"，采取的方式是争吵，而争吵的结果往往是扩大分歧，或者衍生出更多不必要的新的分歧，对方反而更不会"服从"你。所以争吵也要讲究语言的艺术，像林徽因与梁思成，碍于面子的缘故，用英文争吵，也是不错的调解争吵口味的方式，脱离了原来的语境，或许争吵只是一种调节生活的润滑剂而已。

最好不要用类似"你算什么男子汉，对家里的事太不关心了！"这样的语气，结果他通常不会"苟同"你，如果换成"你对家里的事比以前关心多了，如果你能再多关心点儿，我就更显得年轻了"，或者"亲爱的，你已经很爱我们的家了，但如果更爱一点，说不定我们的家庭生活会更加和谐，你的事业会做得更好，老婆我也会变得更年轻"，这样既批评又鼓励的方法往往会使对方很高兴地接受你，"服从"你。

有时，我们会信奉"良药苦口利于病，忠言逆耳利于行"这一格言，但夫妻间却有点例外，因为家是个讲爱的地方，不是个讲理的地方，或许你在理，但方式却不一定对，或者不利于家庭的和谐，不利于把握争吵的度。

当然，我们需要宽容对方的"过错"，有时候睁一只眼闭一只眼，让对方感到惭愧，他自己就会改了。还有，不在孩子面前争吵，不在我们认为会伤面子的人面前争吵，也是要把握的原则。还有像林徽因家的情况，找个可靠的邻居或者朋友，这个人可以在我们争吵时充当调解员，使大事化小，小事化了，令二人重归于好。

俗话说："谁家的烟囱都冒烟。"再恩爱的夫妻，相互间也难免发生争吵。在家庭中夫妻发生争吵本无可厚非，最重要的是要把握好争吵的度，不要令感情罅隙日益加深。让争吵成为加深夫妻感情的催化剂，幸福就可以自动"续期"。

静思
小语

再恩爱的夫妻，相互间也难免发生争吵。在家庭中夫妻发生争吵本无可厚非，最重要的是要把握好争吵的度，不要令感情罅隙日益加深。让争吵成为加深夫妻感情的催化剂，幸福就可以自动"续期"。

爱，是两个人同视一个方向

幸福的夫妻不是互相对视，而是两人同视一个方向，有共同的事业和爱好，共同的朋友，共同的话题，共同的生活习惯，这些都是一股股清新的风，让夫妻二人始终呼吸到新鲜的空气。

共同的方向，让你们走得更远

林洙在《困惑的大匠梁思成》中写道：众多兄弟姐妹里，梁启超最寄望于思成，从学业、婚姻到谋职，无不一一给予入微的关怀、照顾。思成结婚前夕，梁启超致信说："你们若在教堂行礼，思成便用我的全名，用外国习惯叫做'思成梁启超'，表示你以长子资格继承我全部的人格和名誉。"（梁启超：《手迹》）而且，梁启超还是开明的。梁思成具备多方面发展潜能，梁启超没有规定儿子一定要走哪条路，只是不希望他再做政治家。

当林徽因与梁思成憧憬着美好未来的时候，自然少不了专业选择问题。林徽因由于受到欧洲所见所闻的影响，她告诉梁思成，以后准备学习建筑。这让梁思成感到很意外，在当时的环境下，他觉得眼前这个清秀、文弱的女孩子选择"建筑"是个意外。梁思成问："建筑？你是说house（房子），还是building（建筑物）？"

林徽因笑道："更准确地说，应该是architecture（建筑学）吧！"林徽因把建筑比作"凝固的音乐""石头的史诗"，她的状态影响到了梁思成，他就这样糊里糊涂地选择了建筑学专业。

梁思成后来说："我第一次去拜访林徽因时，她刚从英国回来，在交谈中，她谈到以后要学建筑。我当时连建筑是什么还不知道，林徽因告诉我，那是艺术和工程技术为一体的一门学科。因为我喜爱绘画，所以我也选择了建筑这个专业。"

林徽因在面临诸多诱惑的情况下，能够与梁思成度过一生的幸福时光，很大程度上得益于他们共同的事业，他们除了用深情的目光相互送情外，更多时候，是在注视同一个方向。所以，在他们结婚20周年家庭聚会时，林徽因的一个压轴节目是做了一个关于宋代都城的建筑学术报告，这放在一般人身上绝对是不可思议的。

共同航行，让你们无比默契

林徽因把梁思成推上了一条轨道，他们俩沿着相同的方向共同航行。他们一起出国，一起进入宾夕法尼亚大学。由于该大学建筑系里不收女生，于是林徽因选了与建筑有很大关联的美术系，而梁思成念了建筑系。这样一来梁思成学了建筑也相当于她学了，她也可以相对自由地去旁听建筑学方面的课程，自己又学了美术，真是一举多得。

在美国求学的过程中，林徽因意外断了经济后援，于是不想继续学习了，打算马上回国，自谋生路。梁启超说："徽因留学总要以和你同时归国为度。学费不成问题，只算我多一个女儿在外留学便了。"（《与思成书》）

几天后梁启超就着手兑现，致信问梁思成："林徽因留学费用还能支撑多少时间，立刻回告，以便筹款及时寄到。"当时，梁家的经济也很困难，梁启超准备动用股票利息解难，甚至说了这样的话："只好对付一天是一天，明年再说明年的。"由此可见，梁启超早已把林徽因提前纳为家庭的一员，对徽因多了一份舐犊之情。在给海外子女的信中他牵挂着孩子们："思成、徽因性情皆近狷急，我深怕他们受此刺激后，于身体上精神上皆生不良的影响。他们总要努力震摄自己，免令老人担心才好。"（《给孩子们书》）

梁林的婚姻俨然天作之合，梁启超等父辈是他们强有力的支柱，不光是他，林徽因的母亲与他们看的也是同一个方向。

林徽因的母亲看到梁思成待人谦和、彬彬有礼，自然很喜欢他，所以每当梁思成来看林徽因时，她总是特别吩咐家里的专业厨师多精心准备几个小菜。

这两人承载着家长的祝福，加之出身教育与文化构成有太多的相似之处，可谓志趣相投。林徽因与梁思成的结合其实已经是既定的事实，因为他们身后有着庞大的推动力，从各方面看，他们都在向着同一个方向发展。

较早的生活方式的趋同，培养了他们之间的默契度。

回国后，他们同在东北大学建筑系执教，而后回北平（北京）工作。此间他们一起设计了吉林大学校舍、沈阳郊区的肖何园，他们还常常偕同外出考察古建筑，不怕路途艰辛，同甘共苦。共同的志向和事业，让他们的关系日益紧密起来。

共同的价值观，让你们相互认同

很多女人的感情、生活、工作和男人是两条永不相交的平行线，各有各的圈子，各有各的行为路径，太多的时候两个人不是同视一个方向，久而久之，感情难免会平淡化。

真正的爱情不是四目相对，而是两个人同视一个方向。如果爱不是建立在共同的追求和价值观的基础上，将来就会很容易出现矛盾。

聪明的女子都会选择与自己价值观相似的男人为配偶，在彼此价值观相似的情况下，才可能长期进行密切的交往和深层的沟通，共同向着相同的目标行进，彼此相互配合，使双方产生越来越多的安全感和满足感。共同的目标感、思维习惯和相似的作为，都是感情和谐度提升的加速器。

与我们有相似的家庭出身和文化背景的男人，在交往过程中易于接受我们的价值观，更容易和我们达成共识。

不同视一个方向，往往是爱解体的重要根源。比如，一对大学生热恋了好几年，已经到了谈婚论嫁的时候却分手了。原因是男方希望两个人都继续攻读硕士学位，通过更高的学历来给自己"镀金"，但女方却认为学历只能代表过去，在当今社会，文凭已经被高度商品化，早已不值钱了，再取得更高的学历只是浪费时间而已，她只想快速就业。两个人在这个问题上无法达成共识，最终各奔东西了。

心理学家兼心理治疗师帕特里克·埃斯特拉德说："对很多夫妻来说，最初的激情过后，在真正的夫妻关系开始时，他们才发现双方在本质问题上不能相容。"而双方不能相容的重要原因之一，就是双方不能同视一个方向，在价值观上不能达成共识。埃斯特拉德认为："价值观由每个人的伦理决定，它是我们对待生活的方式，是我们选择的契约原则，支持我们在日常生活中取得进步。如果价值观迥然相反，相互在很多重大问题上不能达成一致，对方说的话、做的事甚至引起另一方的反感，这种婚姻的寿命不可能太长。"

我们不妨试着进入男人的圈子或者试着经营相同的事业，这样不仅每天生活在一起，就连工作也是在一起的。我们在生活上相互体贴和照顾，在事业中也能像林徽因和梁思成一样，相互交流自己的思想和智慧，并从中升华我们的爱情。

我们共同承担生活和事业中的艰辛与磨难，也共同分享工作中的喜悦和成就，我们可以拿出更多的时间和空间去体验生活与爱情、事业和谐共生的美好感受，相亲相爱，相互依偎，相互温暖对方，相濡以沫地走过爱河里所有的时光。

爱是一种高度社会化的情感，它存在于我们生活的方方面面中。如果夫妻之间把各自封闭在自己的小圈子之中，爱的温度是很难维持的。

当然，我们不一定像林徽因那样对丈夫有着强大的影响力，但为了避免价值观的冲突，保证双方同视一个方向，就要多花一点时间去和对方沟通。诚如心理学家埃斯特拉德所说："只要彼此相爱，就没有什么不可逾越的障碍。如果双方决定共同生活，并让两个不同的内心世界和平相处，他们就会真心实意地接受彼此的差异。"

为了更好地做到这一点，华盛顿州立大学心理学教授、"情绪"领域的专家约翰·戈特曼建议，我们要互相分享自己的家庭往事，因为那是我们价值观的主要来源之一。戈特曼说："不断分享这些回忆，你的故事变成了我的故事，同时也成了我们组建的这个新家庭的故事。"

两个人同视一个方向，让彼此拥有相同或相似的价值观，拥抱和谐幸福的生活。

静思小语

诚如心理学家埃斯特拉德所说："只要彼此相爱，就没有什么不可逾越的障碍。如果双方决定共同生活，并让两个不同的内心世界和平相处，他们就会真心实意地接受彼此的差异。"

智慧莫过选择

作为出身于名门望族的大家闺秀和才貌兼备的多栖名流，林徽因一生要面临众多的选择是再正常不过的事情。她起先放弃了大诗人徐志摩，后又与独守她一生的大哲学家金岳霖擦肩而过，最终与梁思成携手走过了一生。

同梁思成在一起的生活，有过很多的波折与苦楚，甚至有过难熬的寂寞与孤独，但她始终如一。

作选择，要有参照

林徽因选择爱情的参照物，可能并不完全出自于她自己的判断，或许她曾经爱过徐志摩，但顾忌的是张幼仪或者是徐处理与张的关系的方式和态度不太妥善。

身为老师的梁启超曾这样劝过徐志摩："其一，万不容以他人之痛苦，易自己之快乐。弟之此举其于弟将来之快乐能得与否，殆茫如捕风，

157

然先已予多数人以无量之痛苦。其二，恋爱神圣为今之少年所乐道。兹事盖可遇而不可求。……所梦想之神圣境界恐终不可得，徒以烦恼终其身已耳。呜呼，志摩，天下岂有圆满之宇宙？当知吾侪以不求圆满为生活态度，斯可以领略生活之妙味矣。若沉迷于不可求得之梦境，挫折数次，生意尽矣。郁悒佗傺以死，死为无名。死犹可也，最可畏者，不死不生而堕落至不复能自拔。呜呼，志摩，可无惧耶？可无惧耶？"梁启超用心良苦，可以说是批评，也可以说是善意的忠告，力劝徐志摩赶紧悬崖勒马，不可反其道而行之。

徐志摩并没有听进去，他有自己的道理："我之甘冒世之不韪，竭全力以斗者，非特求免凶惨之苦痛，实求良心之安顿，求人格之确立，求灵魂之救度耳。"显然，他完全沉浸在自我的世界里，已经入"魔"太深。

张幼仪15岁便嫁给了徐志摩，当出现变故时她正怀着徐志摩的孩子。她意外收到来自徐志摩的信，信中是林徽因的文字："我不是那种滥用感情的女子，你若真的能够爱我，就不能给我一个尴尬的位置，你必须在我与张幼仪之间作出真正的选择，你不能对两个女人都不负责任……"

这件事显然对张是不公平的，甚至是残忍的，而林徽因也是处在"一个尴尬的位置"，她对徐的爱有着庞大的人格和道德风险，这对旧文化环境下成长起来的林徽因来说，是道很难跨越的坎儿。

压力不仅来源于此，徐志摩的父亲也强烈反对他离婚的举动，甚至不惜以断绝父子关系相要挟，并把家政大权悉数交给张幼仪。但结果是，徐依然决然地做了他想做的事，以至于老人至死也没有原谅他。

如此背离父训，是不是算严重的不孝？林徽因如果这时下嫁徐家，又情何以堪呢？尽管只有十几岁的年龄，林徽因还是应该有着清晰的判断力的，她再不谙世事，至少可以参照父辈们的看法。

至于金岳霖，他的爱显得很节制，他选择了主动退出。

金岳霖说："比较起来，林徽因思想活跃，主意多，但构思画图，梁

　　徐志摩（中）苦苦追求林徽因（左一），不惜抛弃妻子，坚定地与原配妻子张幼仪（右一）离了婚。但林徽因理智地选择了离开，她承受不起这违背伦理道德的爱。

思成是高手，他画线，不看尺度，一分一毫不差，林徽因没那本事。他们俩的结合，结合得好，这也是不容易的啊！"他是赞叹他们的。

"门当户对"，赢得祝福很重要

梁思成是个非常杰出的男子。黄延复《有政治头脑的艺术家》中写道：他进入清华学校后便是校园里异常活跃的少年。喜爱绘画，任《清华年报》美术编辑；喜爱音乐，当管弦乐队队长，吹第一小号；喜爱体育，获得过校体育运动会跳高冠军。他的外语也好，翻译了王尔德作品《挚友》，发表于《晨报副镌》；还与人合作译了一本威尔司的《世界史纲》，由商务印书馆出版。出乎意料，这么活跃的大学生，留给同学们的强烈印象竟是"具有冷静而敏捷的政治头脑"。"五四"运动爆发，"他是清华学生中的小领袖之一，是'爱国十人团'和'义勇军'中的中坚分子"。

这样一位优秀青年，恐怕没有女子不喜欢。

林徽因选择梁思成，符合"门当户对"的原则，当然也承载着双方父母的美好祝愿与寄托，再者，如梁再冰所说，父亲是个寡言寡语的人，而母亲确实能说会道，二者的性格正好互补，也为后来的婚姻打下了基础。沉稳老实的梁思成，是居家过日子型的，更为靠得住。

林梁的结合是众望所归，连同他们一道就读的同学也祝福他们："思成能赢得她的芳心，连我们这些同学都为之自豪，要知道她的慕求者之多犹如过江之鲫，竞争可谓激烈异常。"

如果有一个人选，你本身喜欢他，你的父母、对方的父母还有你们共同的朋友都希望你们在一起，你会作何选择呢？

1944年，美军要求提供沦陷区需要保护的文物清单和地图，以免盟军轰炸时误炸，梁思成呕心沥血完成了那份材料，他当时任中国战区文物保护委员会副主任。但梁思成有个让人感到吃惊的动作，就是他希望日本的京都和奈良也不要被轰炸。

恨透了日本人的梁思成甚至立誓不与日本人交往，他也曾这样骂日本："多行不义必自毙，总有一天我会看到日本被炸沉的！"做出这个动作，显然是个意外。

梁思成的解释是："要是从我个人感情出发，我是恨不得炸沉日本的。但建筑绝不是某一民族的，而是全人类文明的结晶。"

从中可以看出梁思成内心的善良，他有着莫大的人文关怀，又有着清晰的是非判断标准，他的胸怀是宽广的，甚至超越了民族情怀。在当时的中国，对人类文明有着如此见地的人确实不多。林徽因选择的男人很优秀，他是一个心怀能容下大海的男子。

如此包容的他，自然能容得下林徽因所有的个性，幸福只是顺势而来的副产品而已。

不管怎样，林徽因智慧的选择，助她度过了堪称完美的一生，虽然有些短暂，至少她的爱情生活是幸福美满的。

选择适合自己的人才能幸福

有人说婚姻是一道选择题，如果自己是一个好女人，找了一个好男人，那么这道题绝对能得一百分。杨绛说得妙极了："才女要嫁须嫁完全的学者——不官本位，无商贾的精刮，不匠气，术业有专攻，有着赤子之心的才子，唯其如此，才女的读书生活才能全面协调可持续发展。"林徽因可谓得了一百分，她全部选对了。

对"真命天子"的选择，我们都要有林徽因一样的聪明和冷静，舍弃那些不靠谱的浪漫，选择各方面都堪称优秀的男子，或者至少是个成熟稳重又有宽广胸怀的男子。其实选择没有对错之分，只是"种瓜得瓜，种豆得豆"，对我们造成影响的总是选择后的结果。我们所做的选择决定了我们日后生活的幸福与否。

不少女子徘徊在"到底是选择自己喜欢的，还是喜欢自己的人"这样二选一的问题间，双方都相互喜欢自然很好，但仅凭喜欢就能过上幸福的生活吗？答案或许是否定的。

可能的情况是，林徽因更爱徐志摩，但却选择了梁思成，她一定是喜欢梁思成的，抛开喜欢不说，梁思成踏实稳重，能包容她，最后也成就了她。我们选择的不仅仅是个爱人，还选择了一种生活方式。爱固然需要有，但肯定还有更多的内容，值不值得、应不应该去爱好像也是很重要的，有时候值不值得去爱可能比喜欢不喜欢更重要一些，毕竟爱是可以在生活中慢慢培养的。

很多女人选择了金钱，你可能获得了物质，但一定会失去更多的精神和享受权，起码取得财务支配权你是没自信的，因为钱是人家挣的。选择权贵男人也可能会面临更多的压力，他分配给你的时间不知道会有多少，他和有钱的男人一样，对于你，新鲜期过后，可能陪你的时间会越来越少。

物质确实重要，但嫁给适合你的男人无疑是个不错的选择，起码每天在一起是快乐的。

静思小语

"才女要嫁须嫁完全的学者——不官本位，无商贾的精刮，不匠气，术业有专攻，有着赤子之心的才子，唯其如此，才女的读书生活才能全面协调可持续发展。"好女人要找到适合自己的好男人，才会幸福地度过一生的光阴。

| 第五章 |

言谈话语之间，举手投足之间

与人相交，生动充实

物以类聚，人以群分，你选择什么，就会成为什么。做一个能言善辩、聪慧优雅的女子，获得他人的尊重与认可，你的魅力便锐不可挡了。

谈吐优雅，芳香不散

身为"太太客厅"的女主人，她拥有优雅的谈吐与机智迷人的辩论能力，这使得她成了这个舞台上不折不扣的中心人物。

渊博的知识能使你的谈吐更优雅

林洙在《梁思成、林徽因与我》一书中写道："梁家每天四点半开始喝茶，林先生自然是茶会的中心，梁先生说话不多，他总是注意地听着，偶尔插一句话，语言简洁、生动、诙谐。林先生则不管谈论什么都能引人入胜，语言生动活泼。她还常常模仿一些朋友们说话，学得惟妙惟肖。她曾学朱畅中先生向学生自我介绍说：'我（é）知唱中（朱畅中）。'引起哄堂大笑。"

"有一次她向陈岱孙先生介绍我说：'这个姑娘老家福州，来自上海，我一直弄不清她是福州姑娘，还是上海小姐。'接着她学昆明话说：'严来特使银南人！'（原来她是云南人！）逗得我们都笑了。"

可见，林徽因在"客厅"里是幽默风趣的，她的幽默风趣使大家获得了一种空前的放松，尤其是在那样的灰色岁月中，这种不同寻常的谈吐给大家留下了良好的印象。

林洙在书中说："她是那么渊博，不论谈论什么都有丰富的内容和自己独特的见解。一天林先生谈起苗族的服装艺术，从苗族的挑花图案，谈到建筑的装饰花纹。她又介绍我国古代盛行的卷草花纹的产生、流传，指出中国的卷草花纹来源于印度，而印度的来源于亚历山大东征。她指着沙发上的那几块挑花土布说，这是她用高价向一位苗族姑娘买来的，那原来是要做在嫁衣上的一对袖头和裤脚。她忽然眼睛一亮，指着靠在沙发上的梁公说：'你看思成，他正躺在苗族姑娘的裤脚上。'我不禁噗哧一笑。"

优雅的谈吐蕴含着丰富而广博的知识，这个有才华的女子把渊博的知识与她幽默风趣的个性恰到好处地融合到了一起，令人难忘。

生活不尽如意，也要优雅地活下去

虽然林徽因一生中的很多时光是在病痛中度过的，但她很少让人意识到她身体的不适。

"我和建筑系的老师们往往在梁家听了满肚子的趣闻和各种精辟的见解与议论之后，在回家的归途上，对梁、林两位先生的博学与乐观精神万分感慨。我从没有听到过他们为病痛或生活上的烦恼而诉苦。"作为留下文字记忆的不多的见证者之一，林洙对林徽因的坚强品质给予了充分肯定。

林徽因只是把自己最好的一面或者最能给大家带来收获与快乐的方面展示给了大家。

当然，一个女人，其优雅的谈吐欲获得某个人的认可或许并不难，但

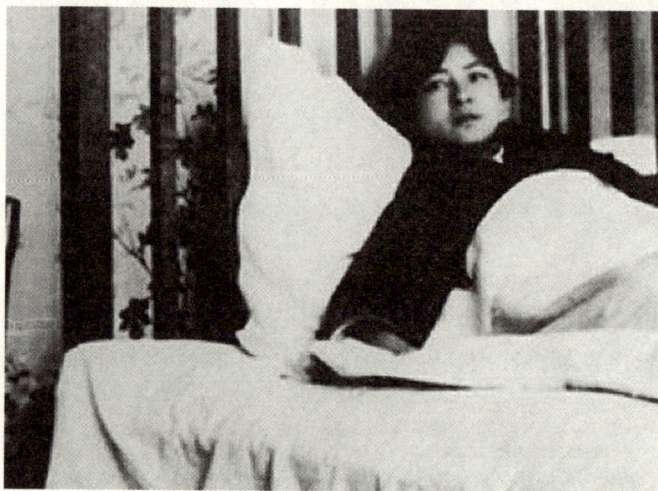

林徽因躺在病榻上，身体日渐虚弱，但她依然微笑地面对着大家，不喊痛，不埋怨命运的不公，里里外外依然散发着一种优雅的气息，让人迷恋。

要得到更多人，尤其是水平很高的人的认可，的确是不容易的。

林徽因的老朋友费慰梅是美国著名汉学家费正清之妻，她是研究东方古代艺术的专家，毕业于哈佛大学美术系，曾任美驻华使馆文化专员。她曾这样形容林徽因："她的谈话同她的著作一样充满了创造性。话题从诙谐的轶事到敏锐的分析，从明智的忠告到突发的愤怒，从发狂的热情到深刻的蔑视，几乎无所不包。"

优雅谈吐所散发出来的芳香，也不仅仅是知识与幽默的结合体，更多的是其个性与真情的流露，还包含着一些创造性与率性在里面。

林洙在书中讲道："其实，他们的现实生活十分艰辛。解放前清华的教工宿舍还没有暖气，新林院的房子又高又大，冬天需要生三四个约有半人多高的大炉子才暖和。这些炉子很难伺候，煤质不好时更是易灭……室内温度的高低冷暖，直接关系到林徽因的健康。我回转身来，见到林先生略带咳嗽、微笑着走进来，她边和我握手边说：'对不起，早上总是要咳这么一大阵子，等到喘息稍定才能见人，否则是见不得人的。'她后面一句话说得那么自然诙谐，使我紧张的心弦顿时松弛了下来。后来我才知道，她这句话包含着她这一辈子所受的病痛的折磨与苦难。"

可见，林徽因的优雅已经超越了现实生活对她的束缚，虽然生活境况并不如人意，身体状况也是那么不理想，但她依然乐观地面对生活。

林洙很吃惊地看着她，觉得再也没有见过比林徽因更瘦的人了，但"她那双深深陷入眼窝中的眼睛，放射着奇异的光彩，一下子就能把对方抓住"，她仍旧是那样的气质不凡，优雅已然融入了她的骨子里，成了她生命的一部分。

优雅的谈吐是女人智慧的象征

林徽因被后人喻为"一个人文符号"，是"中西文化的完美融合"和

"中国知识女性的杰出代表和光辉典范"，而她可能并不在乎这些光环，觉得自己不过是做到了一个真实的自己而已。

其实现代女性在打造自己的形象、把大把时间花费在服饰与美容上的同时，还应该培养得体优雅的谈吐，在人际交往时会增添女性的魅力。优雅的谈吐是女人内在精神气质与修养的外射，它更能表现一个女人的良好气质，从而给人留下深刻而美好的印象。

蒙娜丽莎的微笑成了一个永恒的经典，它告诉人们，优雅是一种永不过时的时尚。法国有句格言说得很好："优雅是年龄的特权。"其实女人更应该如此，随着年龄的增大，女人在变老中应该掌握优雅的艺术，从而消除岁月对青春的侵袭，通过优雅的谈吐让自己更加出色，变得更加迷人。

优雅的谈吐是女人制胜的法宝，不管是在职场，还是在日常的生活中，它都会为女人提升人气，增加气场分。

的确，讲话也是一门艺术，这就要求女人们要懂得塑造自己，学会讲话。那么，谈吐优雅需要我们注意哪些细节呢？这可能没有一个标准的答案，我们且借着林徽因的成功经历，给大家提供一些借鉴。

女人要想练就优雅的谈吐，首先态度要诚恳，保证在向人传递思想感情的时候，别人收到的是真诚的信号，别人的内心是舒服而愉悦的，因为它代表了对对方的尊重。我们在向别人表示祝贺或者赞美时，如果嘴上说得妙不可言，但透过表情却表现出冷冰冰的态度，别人不但不会"领情"，反而会觉得你只是在敷衍他，那么你在他心目中的印象分会很低，因为他可能已经把你否定掉了。

其次，女人在谈吐中还是要发挥女人的自身优势。比如饱含温情，把自己的温柔体现在语言里，让人如沐春风，让大家对自己的一言一行都能心领神会，给人一种善解人意的、为人解忧消愁的、让人觉得轻松释怀的感觉，那就能自然而然地获得对方的好感与青睐了。

优雅的谈吐是少不了幽默感的，幽默感会增强语言的磁性，像林徽因一样，在言谈中流露出幽默、温和、风趣的风格，也显示出女性活泼俏皮的一面，她并不是唇枪舌战、咄咄逼人，而是通过率性而幽默的表达，给人以轻松愉悦的感受。

此外，还要控制讲话时的分贝，声音大小要适当，语调应平稳缓和，咬字要清晰、有力，你所说的话一定要让对方听清楚，尽量让人家感到舒服。

优雅的谈吐也并不在于滔滔不绝的讲话，优雅话不在多，但讲的每一句话都不是废话，正所谓"言多必失"，恰到好处为最好。

"腹有诗书气自华"，所以，女人一定要增加自己的内涵，平时多读书，多和谈吐优雅的人交朋友，在潜移默化中自己也会谈吐优雅起来。

对于女人来说，优雅的谈吐是一种境界，它是女人社交能力的外延，也是女人智慧、气质、才智的体现。让我们用好声音去征服男人世界吧，让我们的优雅谈吐像磁场一样，为我们赢得更多好感、更多人气和更多青睐的目光吧。

静思小语

"腹有诗书气自华"，所以，女人一定要增加自己的内涵，多看看人际交往方面的书籍，多和谈吐优雅的人交朋友，在潜移默化中自己也会谈吐优雅起来。

与人交往，要慧眼也要慧心

上个世纪30年代，在北平有一个客厅，那里"谈笑有鸿儒，往来无白丁"，它是那样的吸引世人的目光，那就是林徽因的客厅。

那个客厅绝对不是一般社交场合中的应酬场所，它的特别除了女主人很特殊外，其来宾都是经过女主人的慧眼和慧心"过滤"后的，都是北京城各领域的精英。它也透露出了女主人与人交往的原则与层次。

做一个伯乐，学会赏识他人

当然，这些人都是林徽因和梁思成的朋友，费慰梅便是客厅的座上客之一，她回忆道："除了其他人以外，其中包括两位政治学家。张奚若是一个讲原则的人，直率而感人。钱端升是尖锐的中国政府分析家，对国际问题具有浓厚的兴趣。陈岱孙是一个高个子的、自尊而不苟言笑的经济学家。还有两位年长的教授，都在其各自的领域中取得了突破。在哈佛攻读人类学和考古学的李济，领导着中央研究院的殷墟发掘。社会学家陶孟和

170

曾在伦敦留学，领导着影响很大的社会研究所。这些人都和建筑学家梁思成和老金自己一样，是一些立志要用科学的方法研究中国的过去和现在的现代化主义者。到了星期六，一些妻子们也会出席并参加到热烈的谈话中去。"

看来这些人的来头不仅限于林梁二人研究或涉及的领域，他们是如此的有吸引力，其他领域里的专家一样能成为他们的朋友。

费慰梅写道："在这里常常会遇见一些诗人和作家，他们是作为徽因已出版作品的崇拜者而来的，常常由于有她在场的魅力而再来。"

这些人中有诗人徐志摩、哲学家金岳霖、作家沈从文与萧乾等，他们学贯中西，甚至包含了"水陆空"多栖名流，他们有不同的专业背景与研究方向，和林徽因都有着共同的理想追求。这个客厅聚会堪称中国第一流的学者和专家的沙龙。

金岳霖后来回忆道："三十年代，我们一些朋友每到星期六有个聚会，称为'星六聚会'。碰头时，我们总要问问张奚若和陶孟和关于政治的情况，那也只是南京方面人事上的安排而已，对那个安排，我们的兴趣也不大。我虽然是搞哲学的，但我从来不谈哲学，谈得多的是建筑和字画，特别是山水画。有的时候邓叔存先生还带一两幅画来供我们欣赏。就这一方面说'星六集团'也是一个学习集团，起了业余教育的作用。"他们独立于政治之外，却又关心国家时政，相互之间取长补短，这个客厅俨然成了不同行业与专业的交叉科学聚集地。

这些人中不乏一些初出茅庐的青年诗人和作家，如卞之琳。早在1931年，林徽因就发现了卞之琳，对其作品赞赏有加，并亲自写信邀请他到家中叙谈。无独有偶，两年以后的1933年秋，林徽因又通过《大公报》上刊载的短篇小说《蚕》，发现了萧乾，而当时他不过是个正在读大三的学生，林徽因又亲自写信给沈从文，请他代邀萧乾做客"太太的客厅"。后来的李健吾，也是经由林徽因的发现开始踏入北平文坛的。林徽因就像一个伯乐，用自己的慧眼发现了他们，并将他们拉进了那个文化圈。

这些文人雅士，通过智慧的相互碰撞，产生了很多思想火花，这为他们日后成为各自领域的带头人多少起了些促进作用吧，而林徽因所建立起来的那个圈子，也成了人才的"摇篮"，难怪这些人那么喜欢"太太客厅"。

有慧眼的女子是充满魅力的

金岳霖说："其实他们每个人都有绝招，在切磋学问、谈论时局、谈文论艺之余也有许多有趣的事情发生。"

能把这样的一群人召集进来，汇聚在一个客厅里，的确不是一般人能做到的，而这个客厅的中心人物就是林徽因，也可见她的用心良苦。

林徽因具有良好的悟性，而且见多识广，这使她的理解力和融会贯通的能力都比别人强很多。她对自己的研究范畴及兴趣范围内的事物都了如指掌，也能够触类旁通，理解自己研究范围之外的事物。更吸引人的是，她是一个新思维的开拓者。她说："我认定了生活本身原质是矛盾的，我只要生活；体验到极端的愉快，灵质的，透明的，美丽的近于神话理想的快活。"她又讲道："我的主义是要生活，没有情感的生活简直是死。生活必须体验丰富的情感，把自己变成丰富，宽大能优容，能了解，能同情种种'人性'。"

一个女人，她能吸引人并长久地吸引各届精英人物，长得漂亮占了很大一部分原因，但那么多文人雅士来到这个客厅，绝对不是天天来欣赏林徽因的漂亮脸蛋的，更重要的是欣赏她的思想和人格魅力。她的慧眼和慧心，让她能甄选出不同领域的专家，又能起到中流砥柱的作用，既让这些"鸿儒"聊得舒服、开心，又能让聚会有趣、有益、热闹。

费正清对林徽因给出了这样的评价："她是有创造才华的作家、诗人。是一个具有丰富的审美能力和广博的智力活动兴趣的妇女，而且她交际起来洋溢着迷人的魅力。在这个家，或者她所在的任何场合，所有在场的人总是全都围绕着她转。她穿一身合体的旗袍，既朴素又高雅，自从结婚以后，她就这样打扮。质量上好、做工精细的旗袍穿在她均匀高挑的身上，别有一番韵味，东方美的闲雅、端庄、轻巧、魔力全在里头了。"

一个独具慧眼的女子是有魅力的，而有慧眼又有慧心的女子能令"所有在场的人总是全都围绕着她转"，这两样东西俨然是交际场上的制胜法宝。

林徽因作为沙龙的女主角，凭借她的学识、智慧以及魅力，吸引了那些不同行业的精英，诚如有评论所说："林徽因首先是位在欧美自由主义思潮中成长起来的中国女知识分子，她经历了国共两个敌对政权的社会和战乱流离，她的思想经历与同时代的其他知识分子一样深远。"

你的审美决定着你的朋友圈

我们自己的审美情趣也会决定我们朋友圈的气质与属性。

研究风景散文的学者马力在《中国现代风景散文史》一书中说，林徽因是"盈盈顾盼中的意象建构"，"是在风景的光影里闪动着灵智的慧心"。

古人云："近朱者赤，近墨者黑。"交上好的朋友，不但可以交流感情，更可以相互激发潜能，让彼此成为事业上的助力。但同时面对打着灯笼难以寻觅的人才挚友，为什么只和你认识，只和你成为朋友？为什么喜欢你而不喜欢别人？可见，要想在交际圈中拥有如林徽因一样的表现，慧眼与慧心一样都不能少。

汉朝刘向说："与善人居，如入兰芷之室，久而不闻其香，则与之化矣。"女人要有这样的慧眼，而且自己想成为这样的人，就要有颗不慕虚荣的平常心和不嫌贫爱富的真性情。

华盛顿说，交友容易，但是交友以后发现朋友很烦人，没有好处，要摆脱却很难。此类朋友，常于不知不觉中使人行为失检，进退两难，既增苦恼，又添羞辱。所以，好朋友是积极向上的，他们带给我们的是积极、阳光和希望，而那些"负债朋友"是不可以交往的，有时候他们对我们也有着莫大的负面影响，所以万万交往不得。

孟子在《离娄》中说："胸中正，则眸子瞭焉，胸中不正，则眸子眊焉。"所以我们除了做好自己、"胸中正"之外，还要明白"眼"与"心"的关系，慧眼识才，慧心捧才，我们的事业才会蓬勃发展，生活才会美满幸福。

我们要有慧眼，也要有慧心，做慧眼如炬、慧心如花的女人，在平淡的生活中珍惜每一份缘，珍惜身边的亲朋挚友，珍藏每一份感动，成就幸福人生。

静思小语

我们要有慧眼，也要有慧心，做慧眼如炬、慧心如花的女人，在平淡的生活中珍惜每一份缘，珍藏每一份感动，成就幸福人生。

不坐冷板凳，掌握话题的主动权

对于林徽因驾驭话题的能力，萧乾有这样的评价："她话讲得又多又快又兴奋。徽因总是滔滔不绝地讲着，总是她一个人在说，她不是在应酬客人，而是在宣讲，宣讲自己的思想和独特见解，那个女人敢于设堂开讲，这在中国还是头一遭……"

保持新鲜，做制造话题的高手

对于有机会能够亲身聆听林徽因"客厅宣言"的人，都会被其"知性、睿智和母性的温情"所折服，无论年老年少，都是那么仰慕她，视她为至交、知音，甚至偶像。

费慰梅在回忆录中写道："其他老朋友会记得她是怎样滔滔不绝地垄断了整个谈话。她的健谈是人所共知的……她的谈话同她的著作一样充满了创造性。话题从诙谐的轶事到敏锐的分析，从明智的忠告到突发的愤怒，从发狂的热情到深刻的蔑视……她总是聚会的中心人物，当她侃侃而谈的时候，爱慕者总是为她那天马行空般的灵感中所迸发出的精辟警语而倾倒。"

这是那个时代中流砥柱们的思想交锋，在寻找认同感的过程中，林徽因扮演了绝对的主角，她几乎是整场谈话的"垄断者"。

参加过聚会的陈愉庆说："因为做过肾脏手术，她的身体非常虚弱。后人总说她是大美女，其实那时她已经瘦得吓人。但她总是目光如炬、神采奕奕，盯着你看的时候，有种非凡的魅力。"

可见，林徽因之所以能掌握话题主动权，不是因为她的言辞有多么厉害，也不是因为她有多么好的口才，而是她本身就具有非凡的魅力。

陈愉庆说，在高谈阔论之后，他们经常会兴致勃勃地演戏。如果兴致来了，梁林夫妇与沙龙的朋友们，便会用英文对读莎士比亚或萧伯纳的台词，还会背诵济慈、勃朗宁、雪莱的诗句。

并不是所有人都有能力掌握话题的主动权，你得有拿得出手的真本事才行。

在"太太的客厅"里，林徽因一直是唯一的女主角，就连她的丈夫梁思成也只能扮演忠诚的聆听者的角色。梁思成因此打趣道："你一讲起来，谁还能插得上嘴？"林徽因说："你插不上嘴，就请为客人倒茶吧！"

林洙在《大匠的困惑》中回忆道："记得在梁家的茶会上，林徽因有一天和客人们谈起天府之国的文化。林徽因说梁思成在调查古建筑的旅途上，沿途收集四川的民间谚语，已记录了厚厚的一本。梁思成说，在旅途中很少听到抬滑竿的轿夫们用普通的语言对话，他们几乎都是出口成章。两人抬滑竿，后面的人看不见路，所以前后两人要很好地配合。比如，要是路上有一堆牛粪或马粪，前面的人就会说'天上鸢子飞'，后面的人立刻回答'地上牛屎堆'，于是小心地避开牛粪。"

梁思成说："别看轿夫们生活贫苦，但却不乏幽默感，他们决不放过任何开心的机会。要是遇上一个姑娘，他们就会开各种玩笑，姑娘若有点

麻子，前面的就说'左（右）边有枝花'，后面的立刻接上'有点麻子才
巴家'。"

林徽因接上来说："要是碰上个厉害姑娘，马上就会回嘴说'就是你
的妈'。"大家都笑了。林徽因又说："四川的谚语和民谣真是美呀！只
要略加整理就能成为很好的诗歌与民谣，可以把它编一本《滑竿曲》。"

要想不坐冷板凳，光有一肚子诗书是不够的，还要有别人所没有的所
见所闻与丰富多彩的生活，有故事可讲，永远保持新鲜感，做一个制造话
题的高手。

掌握话题的主动权

为什么林徽因身上的光环较之其他人更多一些？甚至后人关注她的私
人生活远远大于她作为建筑师或者诗人、作家本身？这和她在客厅里时刻
掌握话题的主动权多少有些关系吧，别人的关注度都在她身上，后人也只
是承接了那些人的目光而已。

林徽因在客厅里虽然掌握了话题的主动权，垄断了谈话，但她同时也为
创造北平的安宁、自由的文化繁荣开创了一种新形式和一个平台，她也以其
自身的参与和成就，为丰富那个时代的中国文化史贡献出了自己的力量。

我们在提到"权力"时，往往下意识地认为权力是一种男性的力量，
其实在女人的世界里，权力也是一种魅力的象征，话题的主动权也是一种
"权力"。

掌握话题的主动权，需要调动"听客"的好奇心，你所讲的话题也是
其所关心的，此外就是保持他们的热情和新鲜感，幽默、风趣和真诚都是
必不可少的，有笑又有料的语言总能引起人们的关注。

最近一直比较流行的电视节目有选秀的、相亲的、调解的等，其实选
秀本身并没什么意义，取得冠军的选手也未必是商家重点的培养和支持对

象，相亲节目也无非是个另类的秀场。其实商家就是制造了一个话题，引起观众的注意，以此提升节目的关注度而已。

这些节目的策划者都是创造话题的高手，和林徽因一样，总能吸引人们对话题的关注。

永远谈论大家所关注的话题，不提出与讨论问题毫不相干的话题，比如大家都正在谈美容的话题，你却突然站起来说："哦！对了，我还有件工作上的事情没有处理，我要去打理一下。"或许你讲的是事实，那是你突然想到的，但你在这个时候提出来，可能是对话题的一种否定，而且可能会被认为不顾全大局、不关心他人感受，自然不可能掌握到话题的主动权。

巧妙控制谈话节奏，成为一个演讲家

我们要对自己所讲的话有深切的感受，或者干脆就是我们自己所亲身经历过的，这样才有话可以讲。林徽因经常讲自己的亲身经历，她就很容易把自己的感情色彩加进去，从而让语言表达更具趣味性和生动性。如果我们讲的话是别人的，或者对话题内容没有特别偏爱的情感，讲出来是假的、不真实的甚至不真诚的，听众就很难感兴趣。如果我们有实际的接触与体验，对它充满热诚，就容易给人以真实感，让人产生深刻的印象。

有人曾经这样问前美国驻意大利大使理查·华须本·乔尔德，成为一位意趣无穷的作家的成功窍门在哪里？他回答说："我非常热爱生命，因而无法静下来不动，只是觉得必须告诉人们这点而已。"讲自己的东西，永远是真实的，也永远能打动人心。

此外，永远不要用沉默来回应别人的调侃或打压，也永远不要正面去回应。沉默表明我们默认了，或者我们理屈词穷了，不知道如何回答别人的调侃了。正面回应一般表示我们很在乎别人对我们的看法，一旦辩解，我们就落入了努力使自己达到别人设定的标准的框架中。

出现这样的情况，我们就要大大方方地表现出自己不在乎的态度，并以此来暗示这是对方的问题，回应要简短有力，并且及时转换话题。

另外，真诚永远是掌握话题主动权不变的主旋律。有位女士，相貌出众，说话流畅清晰，也很有文采，但是在她一番高谈阔论之后，人们都说："太虚伪了。"她给人一种轻浮的感觉，在她满口漂亮的言辞里面，让人读不出一点真诚，大家只能远远远地避开她。

林徽因对客人先是诚心地邀请，又讲出自己的理解与见地，同大家分享亲身经历过的事情，始终充满了真诚，自然能给大家以亲近感。

当然，我们还要有热情，林徽因"已经瘦得吓人"，"但她总是目光如炬、神采奕奕"，永远充当别人激情的点燃者。杜纳德和艾林诺·雷尔德在他们所著的《有效记忆的技巧》一书中说，"罗斯福总统活泼愉快地走过一生，带着一分雀跃、活力、冲撞和热情。这些是他的标记。他总是对自己处理的一切事情兴味深厚，浑然忘我，或者他装得很像是这个样子……表现热烈，这样对自己所做的一切便会热烈起来。"

其实一个演讲家未必是一个领袖人物，但领袖人物绝对是一个演讲家。我们要想不坐冷板凳，掌握话题的主动权，就要努力让自己成为一个演讲家。

静思
小语

其实一个演讲家未必是一个领袖人物，但领袖人物绝对是一个演讲家。我们要想不坐冷板凳，掌握话题的主动权，就要努力让自己成为一个演讲家。

宽容待人，有些事情无需在意

林徽因是个率性女人，说话难免会得罪人。

李健吾曾这样描述："她绝顶聪明，又是一副赤热的心肠，口快，好强，几乎妇女全把她仇敌……热情是她生活的支柱。她喜好和人辩论……"的确，以林徽因棱角鲜明的性格与她头顶上的庞大光环，难免容易引起同性人的嫉妒，甚至"战争"。

面对别人的妒忌，要有一颗宽容的心

冰心就是一个典型。据说冰心的小说《我们太太的客厅》就是以林徽因家的"太太的客厅"为原型写的，冰心在小说中写道："我们的太太自己虽是个女性，却并不喜欢女人。她觉得中国的女人特别的守旧，特别的琐碎，特别的小方……在我们太太那'软艳'的客厅里，除了玉树临风的太太，还有一个被改为英文名字的中国佣人和女儿彬彬，另外则云集着科学家陶先生、哲学教授、文学教授，一个'所谓艺术家'名叫柯露西的美国女人，还有一位'白袷临风，天然瘦削'的诗人。此诗人头发光溜溜地两边平分着，白净的脸，高高的鼻子，薄薄的嘴唇，态度潇洒，顾盼含情，是天生的一个'女人的男子'。"

不难看出，作者字里行间里充斥着讽刺与挖苦的口气，甚至连小孩子都不放过。林徽因的女儿学名叫再冰，小名正是叫冰冰，而小说中的女儿名曰"彬彬"，不知是天然的巧合，还是作者有意的安排。

不仅这样，冰心还在《我们太太的客厅》中写道："这帮名流鸿儒在'我们太太的客厅'指点江山，激扬文字，尽情挥洒各自的情感之后星散而去。那位一直等到最后渴望与'我们的太太'携手并肩外出看戏的白脸薄唇高鼻子诗人，随着太太那个满身疲惫、神情萎靡并有些窝囊的先生的归来与太太临阵退缩，诗人只好无趣地告别'客厅'，悄然消失在门外逼人的夜色中。整个太太客厅的故事到此结束。"

小说的指向性非常明确，那就是"我们的太太"，而且也不难看出，作者的情感是包含着一些羡慕嫉妒恨在里面的，真真儿的醋意十足。

文中又讲："诗人微俯着身，捧着我们太太的指尖，轻轻地亲了一下，说：'太太，无论哪时看见你，都如同一片光明的云彩……'我们的太太微微一笑，抽出手来，又和后面一位文学教授把握……嗔着诗人说：'我这里是个自由的天地……'"作者把闻名北京城的高端文化沙龙写成了很没水准的情人聚会，这可能是强加了一些个人情感在里面，与很多曾经参与过沙龙的文字记载有不小的冲突。

萧乾夫人文洁若在《林徽因印象》一文中说，有一次大姐拿一本北新书局出版的冰心短篇小说集《冬儿姑娘》给她看，说《我们太太的客厅》那篇小说的女主人公和诗人就是以林徽因和徐志摩为原型写的。

从流传到今的文字资料里，好像还没有林徽因与冰心冲突的记录，那么冰心如此直接地"针锋相对"也许仅仅是出于"醋意"，但以冰心的名气，在当时应该会引起一些关注。如果圈儿里人都因此而以为是那么回事，林徽因的个人形象或多或少地都会受到一些影响吧。

那么作为被"讽刺"的女一号林徽因应该"以牙还牙"，给予强烈的还击才是。但"我们的太太"并没有做出什么出格的行动。

李健吾也是一个有力的见证，他在回忆林徽因时曾说："我记得她亲口讲起一个得意的趣事：冰心写了一篇小说《我们太太的客厅》讽刺她。她恰好由山西调查庙宇回到北平，带了一坛又陈又香的山西醋，立即叫人送给冰心……"

冰心的动作真是有点"伤不起"，"我们的太太"并没有像她一样口诛笔伐，她只是使了一个小动作，便巧妙回应了冰心的讽刺，不显山不露水，真是让人折服。

不争而善胜，做人要大度

这显示了一个女人的胸襟气度，绝对不会在不该计较的事情上浪费精力，她显然并不是太在意那篇讽刺小说，或者说根本没放在心上。所以至今在这件事情上也没有她任何的负面描述，倒是那篇小说出尽了风头。

尽管冰心后来说那篇带有明显讽刺意味的小说写的不是林徽因，而是陆小曼，但写的是谁好像已经不重要了，重要的是林徽因的宽容大度给我们留下了深刻的印象。

或许是因为林徽因过分地吸引了男人世界的眼球，那个时代的女人们对她有嫉妒心也很正常，实际上，任何一个取得成功或者生活在光环下的女人都会激起其他女人的嫉妒心。

正所谓"夫唯不争，故天下莫能与之争"，有智慧和宽容大度的人总是"不争而善胜"。而有些事情确实不必太在意，它们毕竟不是我们生活中的重点，有时在意了反而会白白消耗我们的时间与精力，甚至有损我们的形象。

当然，也或许冰心并不是那样的狭隘，她只是对"不知亡国恨"这一

　　俗话说："人生不如意事十之八九"，如果我们不计
较可能就能傲然走过，如果在意了，可能会受其牵绊。像
林徽因一样，做个洒脱的女子，过幸福的生活。

现象做出了"正义的批判"而已，并不是怀有对私人的不平。在冰心的定义里，国难当头，所有人都应该拿起武器，投笔从戎，手执钢枪，冲锋陷阵在抗战第一线，而不应在"客厅"里高谈阔论。

从很多文字档案里，我们也没有看出林徽因是"两耳不闻窗外事，一心只读圣贤书"的角儿，每个人有每个人的生活方式和对待战争的态度。

但不论怎样，就事论事，林徽因是把大度进行到底了。

有舍才有得，要学会放弃一些事情

有些事情，确实不必太在意。

俗话说："人生不如意十之八九"。我们在一生中难免会遇到挫折、非难和其他不如意的事情，如果我们不计较可能就能傲然走过，如果在意了，可能就会受其牵绊，影响我们的情绪，反而会愈加不如意。

我们的心是个能量场，高兴时会吸引来自宇宙的正能量和更多积极的东西，如果处于消极状态，就会吸引更多负面能量。所以我们需要大度一点，时刻保持一种积极的人生态度，诚如某心理专家所说，人一生的得失就像是手中握着的沙子，只有以不计较的心态摊开手掌，才能获得更多。

生活中的事情，很多是仁者见仁，智者见智，并没有所谓的对与错的划分，也没有具体的评判是与非的标准，关键在于我们自己的界定与考量。如果捕风捉影，见不得一点不随我们愿的事情，眼睛里容不下沙子，那生活中处处都是不好的事情，所有的人都可能会与我们作对，那样会活得很累，不光自己累，我们身边的人也会跟着累。

俗语说："眼不见为净。"我们当培养宽大胸怀，过滤掉那些不必在意的人与事，权当没发生过罢了。

太挑剔的女人容易衰老，也容易失去朋友。如果林徽因与冰心口舌相争，对其不依不饶，非要争个你死我活、是非对错，那可能是文坛上的一场"血雨腥风"，到最后也可能是两败俱伤，不但伤了和气，还会"歼敌一千，自损八百"，并且有损于自己的形象。

女人有时更容易起嫉妒心，我们看到别人的衣服比我们的漂亮，别人的脸蛋比我们的光鲜，顿时生起疾妒心是再正常不过的事情了。其实世界本来就是有缺陷的，尤其是我们在取得了一些成就之后，别人对我们不满或有意见，甚至挑刺儿都是正常的。但并非挑剔者独有一双火眼金睛，别人愚笨而不知所以，因为有些人确实是不值得理会的，有些事也确实是不值得在意的，所以不必自寻烦恼。

我们要学会吃亏。中国整体心理疗法创始人、多家跨国企业心理顾问王国荣说，一般人认为吃亏是弱者和愚者的行为，但从长远来看，能吃亏的人表现出来的是诚实、善良、宽容的品质，更容易得到别人的信任。如果我们发扬宽大胸怀，反而会收获更多，会获得更多人的信任与好感。

有些事情需要我们及时放弃，正所谓"有舍才有得"，我们放弃与他人的争执，放弃对一些事情的执着，不耿耿于怀，反而更有利于我们的生活。正如美国心理学家格雷戈里·米勒研究发现一样，与那些不达目的誓不罢休的人相比，懂得放弃的人的身心更健康。

我们要懂得释怀那些别人对我们的负面看法，无需过多在意别人对我们的评价，自己行得端走得正就行了，身正不怕影子歪。

静思小语

我们要懂得释怀那些别人对我们的负面看法，无需过多在意别人对我们的评价，自己行得端走得正就行了，身正不怕影子歪。走好自己脚下的路，任人凭说。

朋友要多，也要有质量

　　林徽因的朋友很多，她的不少朋友都是大名鼎鼎的人物。

　　有文为证。林洙在《梁思成、林徽因与我》书中说："每次上完课，林先生都邀我一同喝茶，那时梁家的茶客有金岳霖先生、张奚若夫妇，周培源夫妇和陈岱孙先生也常来。其他多是清华、北大的教授，还有建筑系的教师。金岳霖先生每天风雨无阻，总是在三点半到梁家，一到就开始为林先生诵读各种读物，绝大部分是英文书籍，内容有哲学、美学、城市规划、建筑理论及英文版的恩格斯著作等。他们常常在诵读的过程中夹着议论。"

涉及不同圈子，认识不同背景的好朋友

　　俗话说："好朋友就像是一本好书，让你终生受益。"我们一生中也不可能只读一本书，那样未免太单调了。我们不妨让自己涉足更多的圈子，结识不同行业和背景的朋友，好的朋友总是存在的，有时候只是需要

我们去遇见而已。

林徽因才华过人确实不假，但也不至于连一个在同一层面上与其对话的人也没有，如袁昌英、陈衡哲（算是前辈）、黄庐隐、苏雪林、冯沅君、凌叔华、杨刚、韩素音、丁玲、萧红、张爱玲等都与林徽因一个时代，有的还与林有过交往。当然，还有一个不可忽视的人，那就是冰心。

这些朋友中很多已经被写进历史，有的还是其所在领域的领军者。

常来"太太的客厅"参加聚会的人中，张奚若是清华大学政治学教授，邓叔存是清华大学哲学教授，陈岱孙则是经济学教授，钱端升是国际政治专家，陶孟和是社会研究所所长，李济是考古研究所所长，沈从文是北京大学教授、作家，徐志摩、金岳霖就不用提了，他们都是林徽因的座上客。

张奚若是一个非常直率而重原则的人，早年曾就读于哥伦比亚大学和伦敦大学。他的性格在圈子里是"完全西方的"，但他也是个个性鲜明的人，坚持"述而不作"，一生虽然只写过一篇政治学论文《主权论沿革》，但在清华的教授中却很受敬重。

钱端升对国际问题有着独到的研究和明晰的见解。考古研究所所长李济曾经是哈佛大学的高材生，他攻读的人类学和考古学，他同林徽因交往的那段时期正领导着中央研究院考古所对殷墟的发掘。

小说家沈从文擅长创作湘西风情的小说，那可是当时文坛上一道新鲜的风景线。

常来这个客厅聚会的人们，他们是优秀的精英群体，幼年的时候熟读经书，扎根于中国传统文化，青年时代又接受了五四"民主"、"科学"思想的洗礼。虽然他们很少直接参与中国的现代化进程，但至少都在各自的领域以自己的方式为新中国的创造与建设发力，是中国文明进程中不容忽视的一股力量。

中国哲学家、逻辑学家金岳霖精通英文，他总是倾向于用英文思考哲学和逻辑学问题，但他同时又对中国传统文化情有独钟，不仅如此，这位终生未娶的专家还涉猎到更多领域，他对中国山水画有很高的鉴赏力，并且酷爱京剧，自己能哼几首不错的小曲儿。

在爱情之外找到自己的朋友

在林的朋友中，金岳霖和徐志摩对她夹杂着特殊的感情。金岳霖因爱她而单身一生，他用一辈子的时间节制了自己对林的爱，成为近代史上的一段佳话。

这种发乎情止乎礼的爱，伴随了他一生。金岳霖说："我离开梁家就像丢了魂一样。"他和梁林一家几乎很少分开过，在林徽因病情最重的时候，已经远非绝代风华的女子了，而金岳霖依然每天下午三点半，雷打不动地"出现在林徽因的病榻前，或者端上一杯热茶，或者送去一块蛋糕，或者念上一段文字，然后带两个孩子去玩耍"。

金岳霖一直和林徽因家人融洽相处，他获得了林徽因一家对他的敬重，其子甚至称他为"金爸"。

金岳霖对林徽因一往情深，在西南联大时期，为了躲避鬼子空袭，他不得不四处躲避，无论跑到哪里，他都会随身携带一个小箱子，据说那里面装的是林徽因写给他的信，为此他甚至把写了20年的《知识论》给弄丢了，他对林的重视由此可见一斑。

中国共产党主要创始人之一，北京大学、清华大学教授，哲学家，数学家张申府说："如果中国有一个哲学界，那么金岳霖当是哲学界之第一人。"林徽因有此挚友，足矣。

除了金岳霖，徐志摩是她诸多朋友中色彩很重的一个。尽管他在处理婚姻问题上的做法鲜有人认可，但他确实在林徽因的世界里是个重要角色。

梁实秋是个很自负的人，轻易不说过头话，他和徐志摩的关系也不是很好，但他在一篇《谈徐志摩》中写道："有人说志摩是纨绔子，我觉得这是不公道的。他专门学的学科最初是社会学，有人说后来他在英国学的是经济。无论如何，他在国文、英文方面的根底是结实的。他有很丰富的国学知识，旧书似乎读过不少，他行文时之典雅丰赡即是明证。他读西方文学作品，在文字的了解方面没有问题，口说亦能达意。在语言文字方面能有如此把握，这说明他是下过功夫的。一个纨绔子能做得到么？志摩在几年之内发表了那么多的著作，有诗，有小说，有散文，有戏剧，有翻译，没有一种形式他没有尝试过，没有一回尝试他没有出众的表现。这样辛勤的写作，一个纨绔子能做得到吗？"

这位著名的散文家给了徐很中肯的评价。虽然有些争议，但徐志摩的所作所为足以对得起林徽因了。

处理好朋友的质量和数量之间的关系

朋友是个永不过时的话题，我们很多人也听过"朋友多了路好走"这样一句歌词，俗话说"一个篱笆三个桩，一个好汉三个帮"，朋友在我们的人生中拥有着不可替代的位置。

有人说，交遍天下好友，吃遍天下美食，当然，这不是太现实。但生命中有几个不错的朋友也是我们的福分，虽然财富不是一辈子的朋友，但朋友绝对是一辈子的财富。

我们在困难的时候，在痛苦的时候，在落难的时候，如果有一个朋友能够为我们伸出一只手，或者给我们一个鼓励的微笑，对我们来说都是莫大的安慰。朋友能够在我们需要的时候挺身而出，为我们排忧解难、遮风挡雨，即使他们什么也不能为我们做，只是默默地陪在我们身边，让我们知道背后还有人在默默地支持着我们，我们不是在孤军奋战，我们就会有更大的动力去战胜困难。

当然，朋友多了固然不错，但也不能盲目地只顾及数量，因为也有交友不慎毁了前程的人，所以我们必须学会权衡朋友的数量和质量之间的关系。片面地追求数量，或者片面地追求质量，都是不可取的做法。

有的所谓的朋友，只是在饭桌上和我们共称是好姐妹，或者有的所谓的朋友在我们春风得意的时候靠近我们，而当我们遇到困难、人生跌入低谷时就离我们而去了，或者有的所谓的朋友表面上对我们甜言蜜语，背地里却对我们下刀子，这些人都不能是我们的朋友，有的只是酒肉朋友，甚至是我们的"敌人"。所以我们在追求朋友的数量的同时，不要忘记或者轻视朋友的质量。

当然，我们也不可能对朋友有太多的要求，只求能够坦诚相待，我们要在一定程度上忽略其身上的缺点。徐志摩对林徽因念念不忘，甚至已经到了干涉他们家庭生活的地步了，林徽因照样视他为至交，还能与他和谐相处，这更是一种肝胆相照的情分。所以我们不要去苛责身边每一位朋友，永远要以真心换真心。

士为知己者死，女为悦己者容，千金易得，知己难求。但我们必须时刻记住：只有将朋友的质量和数量之间的关系处理好，我们的人生才会不断升华，活得才会越来越精彩！

静思小语

有人说，能拥有红颜知己的男人一定是男人中的智者，能做红颜知己的女人必是女人中的上品。林徽因做到了，她在爱情之外找到了自己的朋友，而且不止一个，真正实现了朋友的数量与质量的飞跃。

诗一样的善解人意

林徽因有一颗助人的热心肠，她的助人是那种不求任何回报的助人，也是让人舒服的助人，她有着诗一样的善解人意的情怀。

了解朋友的苦楚，善于帮助他人

林徽因平时很少和人说闲话，她是不愿意在无聊的事情上面浪费时间，但不说话不等于不爱帮助他人。

林洙在《梁思成、林徽因与我》一书写道："我那时除了从家里带来的几件首饰外，身无分文。为了安个小家，我准备卖掉一些首饰。那时林先生还健在，她知道了把我找去，问我有困难为什么不告诉她，我没话可说。接着她告诉我，营造学社有一笔专款是用来资助青年学生的，并说我可以用这笔钱。她看我涨红了脸，结结巴巴地说不出话，立刻说：'不要紧的，你可以先借用，以后再还。'并且不由分说地把存折给了我。"

林洙第二天到银行取钱的时候，发现那是梁思成的存折，她当时心里就有些疑惑，向林徽因问了存折的事情。林徽因笑着对她说，学社的钱当然用的是梁思成的名字，要的是让她免除心理上的顾虑，安心用钱。

"她还送了我一套清代官窑出产的青花瓷杯盘作为礼物，可惜当时我对这份礼物的价值毫无认识。一天，王逊先生看见我用这套茶具待客，吃惊地说：'喔！你就这么用它？'我却学着当时流行的口头语说：'它也要为人民服务。'王逊苦笑了一下，没有作声。我现在每想起这件事，眼前就出现王逊那苦笑的脸，林洙啊！林洙！你真是浅薄而无知。"林洙对林徽因给她的帮助自是感激涕零的，林徽因的善解人意由此也可见一斑，真的是用心良苦。

后来当林洙提起要归还那笔钱时，她发现林徽因总是很快把话题引向别处，甚至不给她发话的机会。而且她说话时别人是没有插嘴的余地的。后来，林洙好不容易找到一次机会告诉她再把钱存回银行时，她却说："营造学社已不存在了，你还给谁呀？"言外之意，那钱是不用还了。林洙自是不同意，她刚要申辩，林徽因却以一个长辈的口吻很严肃地对她讲："以后不要再提了。"

此事也只能作罢，直到后来，林洙才明白，那个时候营造学社正是因为缺少资金才停办的，而最后的那点经费，也都分给其他的社友了。所以林徽因说不用还了，她自己却承担了一切，不会让受助者感到一点的不好意思。还不仅仅是资金上的帮助，林徽因给林洙安排生活，帮她找学校念书，还教她英语，鼓励她发表意见。

由于梁林两家都是大家族，亲戚朋友自是不少。陈公蕙就是林徽因的一个亲戚，林徽因亲自给她做媒，把她介绍给钱端升。谁知他们在商议结婚时突然发生矛盾，陈公蕙负气离开北平，去了天津。林徽因又和梁思成开车一路到天津，找到了陈公蕙，令她和钱端升和好，从而成就了一段美好姻缘。

如果不是梁林的坚持和善解人意的付出，恐怕这俩人很难走到一起，

　　善解人意的女人直率、自立、自强、心细、心胸宽广，她们让朋友感到踏实，会和朋友相处得轻松快乐，她总是给人以亲切感，林徽因（右一）就是一个这样的女子。

所以钱端升才发出由衷的感叹："要几辈子感谢林徽因。"

给朋友更多的尊重，让自己成为可以信赖的朋友

沈从文有一段时间手头上很紧张，林徽因有意接济他，但直接帮他又怕他不肯接受，就想出一个"曲线救国"的路子：故意让表弟林宣向沈从文借书，在还书的时候往书里夹进一些钞票。林徽因的善解人意真是令人惊叹。

有一句经典的话是"成功男人的背后，总有一个好女人"，所谓的"好女人"，究竟是怎样的一个角色呢？但不管是什么样的标准，她一定是善解人意的。

善解人意的女人是朋友们最渴望接近的，尤其是在现在这个浮躁而又高度物化的社会里，只有善解人意的朋友才是大家心灵的港湾和休憩的圣地。善解人意的女人知道男人既刚强又很脆弱，她也懂得女人世界的虚荣与自尊，她更知道有的人是把荣誉看得比生命还重要，她知道在朋友的精神世界里有哪些是禁区，她总是很小心地不去触碰这些禁区。

善解人意的女人总是想方设法不让朋友的尊严受到伤害。当朋友被某种事情纠缠住，朋友自己不愿或不便去解决，想求助她时，善解人意的女人绝不会冷眼旁观，甚至于，她会在朋友还没开口时就去把事情处理得很妥当了，让朋友毫无后顾之忧，而她却当没发生过任何事一样。

有人说，善解人意的女人不仅仅是坐船的，也不只是划船的，而是帮朋友一起撑船的。所以一个女人，能够做到善解人意，她身边一定有忠诚的好朋友。像沈从文一样，他对林徽因的感激，使他一生都在维护林徽因。

作家李敖曾经说过："真正够水准的女人，她聪明、柔美、清秀、妩媚、有深度、善解人意、体贴自己心爱的人，她的可爱是毫不嚣强的，她

像空谷幽兰，只是不容易被发现而已。"

所以，善解人意的女人是最可爱的、最动人的、最让人信赖的。

女人善解人意，会和朋友相处得轻松快乐，她总是给人以亲切感。无疑，这种亲切能给她和她的家人带来良好的人际关系。善解人意的女人总是在生活中尽力照顾朋友，在事业上尽力支持朋友，朋友生病时亦有她们的身影。

善解人意的女人直率、自立、自强、心细、心胸宽广，她们最能让朋友感到踏实而有安全感。在人漫长的一生中，有太多的沟沟坎坎，而善解人意的女人愿意为朋友做出一些牺牲，甚至超出常人的付出，她们会把自己完全真实的一面展现给朋友们。

我们且做这样的女人吧，给我们身边的朋友以相依相伴的感觉，我们自己不必有太多欲望，我们只需要踏踏实实地生活，我们永远给朋友以尊重，让他们信赖我们，让他们觉得生活并不孤单，让他们觉得生活温馨而充满希望。

关心朋友的情绪变化，做一个全神贯注的聆听者

有人说，善解人意其实就是"该说不该说"的问题。的确，善解人意的女人知道该说什么，不该说什么。

美国著名心理学家丹尼尔·戈尔曼说："准确感知他人的情绪是情商的突出表现。"哈佛大学著名心理学家加登纳也提到："体察他人的内心感受是人类智力表现之一。"

我们当先学会认真听对方倾诉或者正常的讲话，我们不要以个人的价值观念来评判他们的言论。当别人说话的时候，我们要习惯于保持沉默，全神贯注地做一个聆听者，并设身处地体验他们的内心感受，充分地融入他们的感情，让我们的思维与他们的思维处于同一个频率上。在这样的基

础上，我们不妨发出一些有效的提问，引导他们讲出更实在的事情，从而更好地与他们在心理上产生"共振"。

我们要能够体察出朋友细微的情绪变化，并做出积极的响应，我们还要在沟通中给对方一个情感独处的空间，帮助他们将积存已久的情绪或者烦恼宣泄出来，让他们获得愉悦的心情。

我们要充分明确对方的意思，让他们知道，我们始终在关注他们、在意他们、关心他们。在这样的当儿，我们不是一个强者，我们不是在施舍我们的情感或物质，我们要站在对方的立场上考虑问题，一切的出发点都是出于真诚的友谊与爱。

我们要给足朋友面子，不让他们觉出丝毫的难堪与不舒服，在与他们的沟通中，我们不要使用尖酸、刻薄或者任何含有讽刺的语言，不制造尴尬，也不急于表现自我或者展现自己的才华。

做一个善解人意的女人，我们尽量设身处地替对方着想，和朋友取得思想上、精神上和心理上的共鸣，和他们保持同样的节奏，让他们充分感受到我们对他们的尊重和理解。

静思小语

我们要给足朋友面子，在与他们的沟通中，我们不要使用尖酸、刻薄或者任何含有讽刺的语言，不要制造尴尬，也不要急于表现自我或者展现自己的才华。做一个善解人意的女人，让朋友们获得心灵上的愉悦之感。

一个客厅，一个世界

在上个世纪30年代的中国，恐怕没有谁家的客厅像林徽因"太太的客厅"那么富有盛名了。那个客厅不仅仅是生活的场所，也不单单是一般社交场合中的应酬场所，而是一个文化圈，是一个圈层聚会的平台。

这个客厅已经脱离了普通的交际与接待客人的功用范围，更不含有功利和无聊成分，而是很多人事业的新起点和精神上的加油站。

人要有生死之交的挚友

费慰梅回忆说："徽因的朝南的充满阳光的起居室常常也像老金的星期六'家常聚会'那样挤满了人，而来的人们又是各式各样的。除了跑来跑去的孩子和仆人们外，还有各个不同年龄的亲戚。有几个当时在上大学的梁家侄女，爱把她们的同学们带到这个充满生气的家里来。她们在这里常常会遇见一些诗人和作家……"

来这个客厅做客的人真是群英荟萃，它已经不再是通常意义上的自发的聚会了，更像一个系统化运作的沙龙。

林徽因和梁思成外出考察回来，原先客厅里的朋友听说他们回来了，相邀来到他们家。后来战争逼近北平，林徽因看到士兵们就在她家门口挖好了战壕，她又和朋友们一起在致政府要求抗日的呼吁书上签了名。

由于国民党守军主动撤出，北平沦陷。有一天，林徽因和梁思成收到署名"东亚共荣协会"的请柬，林徽因愤而拒绝并离开北平，辗转大西南。

在长沙避难的时候，日本的飞机经常在他们头上盘旋，林徽因写道："在日军对长沙的第一次空袭中……离得最近的炸弹就炸了。它把我抛到空中，手里还抱着小弟，再把我摔到地上……这颗炸弹没有爆炸，落在我们正在跑去的街道那头。我们所有的东西——现在已经不多了——都是从玻璃碴中捡回来的，眼下我们在朋友那里到处借住。"

他们放弃了在敌占区优越生活的机会，选择了九死一生的避难，好在可以在朋友那里借住，还不至于流落街头。

林徽因说："每天晚上我们就去找那些旧日的'星期六朋友'，到处串队想在那些妻儿们也来此共赴'国难'的人家中寻求一点家庭温暖。在空袭之前我们仍然常常聚餐，不在饭馆，而是在一个火炉子上欣赏我自己的手艺，在那三间小屋里我们实际上什么都做，而过去那是要占用整整一栋北总布胡同3号的。我们交换着许多怀旧的笑声和叹息，但总的来说我们的情绪还不错。"

"太太的客厅"已经成为一种精神的化身，昔日的客人们是那样的有傲骨、有气节，他们用彼此之间的默契支撑起了一片希望。

虽然地方换了，客厅变了，时势也更危险了，但"太太的客厅"的聚会却并没有因此而停下来。他们已经不再是普通意义上的朋友，也不再是单纯的论坛上的"辩客"，而是生死之交的挚友，已然是一个雷打不动的铁的联盟，他们在生死关头还共同维持着"一点家庭温暖"。

　　林徽因也曾遭遇人生窘境，家庭经济困难，四处奔跑避难，生活环境恶劣等，但她始终保持一种乐观的心态，积极地与各种困难作战，使得周围的朋友都跟着她一起痛并快乐着。

或许这温暖正是他们活下去的勇气。

我们的生活离不开一个好的圈子

随着抗战爆发，那些昔日的客人"或流落云南西南联大，或流落到山城重庆，或流落到四川宜宾，他们不为物欲所动，不随波逐流，在困境中坚守心灵的纯净。那种宠辱不惊的淡泊，让人看到了一种有别于凌厉浮躁、金刚怒目的精、气、神……"

1938年，林徽因和梁思成来到昆明，正好与张奚若夫妇为邻。不久，杨振声、沈从文、萧乾也结伴来到了昆明。他们相互间都住在很近的地方，加上金岳霖，"太太的客厅"似乎又可以"经营"了。

后来，朱自清等一群朋友到昆明后，也住在离他们不远的地方，于是很快又恢复了"太太的客厅"的热闹，他们隔几天便去林徽因家吃下午茶。同样地，他们谈论文学、战局等。由于林徽因的三弟林恒在昆明航校，也可以经常带一群同学到她家里玩，他还常常分享英雄故事给他们听，这些故事经萧乾之手，便成了一篇在当时文坛颇有反响的《刘粹刚之死》。

然而意外无处不在，林徽因遇到了前所未有的困难。她写道："现在我们已经完全破产，比任何时候都惨。米价已涨到100块钱一袋，我们来的时候才三块四。其他东西的涨幅也差不多。今年我们做的事没有一件轻松。……思成到四川去了已经5个月。我一直病得很厉害，到现在还没有好。"

内外交困，似乎已经把她逼入绝境，但费慰梅从美国寄来的支票帮了她的大忙，使她脱离了"可笑的窘境"。对于林徽因夫妻，费正清说："中国对我们产生了巨大的影响，而梁氏夫妇在我们旅居中国的经历中起着重要作用。"

在北平时，费慰梅总是在天黑前到梁家，和林徽因品茶聊天，而林徽因更是把她至交，向她敞开心扉。在林徽因情绪低落的时候，费氏夫妇便拉上她到郊外去骑马散心。

这就是在林徽因客厅里做过客的朋友们，他们能够在她最需要的时候出现，这是一种极难得的情谊，而朋友已然是林徽因生活中的重要组成部分，当然她也用自己的努力和付出支撑起了一个文化圈子，那是属于她的世界，也是属于她所有朋友的世界。

如果我们自己是一条鱼，那么我们所在的圈子可能就是水；如果我们自己是一条生命，那么我们的圈子可能就是空气；如果我们自己是一棵小草，那么我们的圈子可能就是阳光。事实上，我们的生活离不开一个好的圈子。

"竹林七贤"是一个君子圈子，"扬州八怪"是一个书画圈子，"中国红学会"是研究《红楼梦》的圈子，"宁波帮"是宁波商人的创业圈子，林徽因的"客厅"是一个文化精英的圈子……

马云说："一个人最大的财富是朋友，如果要离开这个公司，我跨出这个门，相信拎起电话，1000万美元就会在三天内到账。"

他这话的分量可以说和林徽因的"星期六朋友"不相上下，费正清说，"梁氏夫妇在我们旅居中国的经历中起着重要作用"，这句话的价值一样大得无可限量。在你人生最艰难的时候，有人站起来帮你，这或许是衡量圈子价值的一个重要标准。

扩大自己的兴趣圈子，进而扩大交友范围

女人是不能没有圈子的。有些女人一旦嫁了人，就把姐妹们的小圈子关在了门外，心中似乎只有老公和孩子了，其实这是女人的悲哀。人是社会性的动物，我们不可能把所有的喜怒哀乐全部系于男人身上，这样他累

你也累，而且还可能会无事生非，而且丢弃了自己的朋友圈，最后也容易使自己落入生活的俗套中。

女人友情的圈子是家庭生活必不可少的润滑剂。我们一定要有几个死党，且不说经常聚会，但至少在我们情绪失控的时候，保证还有死党为我们端茶倒水擦眼泪，而不是失落时只剩下"孤家寡人"一个。

"圈子"是我们的私人世界，是一个可以完全释放自我的地方。我们可以约上一帮小姐妹每周末做美容，也可以和玩得来的朋友下酒吧、泡馆子、逛商场，还可以陪一些"死党"出去旅行，总之要善待自己外加放松心情，务必要让自己获得快乐、得到放松。

林徽因的一个客厅承载了她的情感世界。情感的圈子对于女人来说，也是一种生命的寄托。在婚姻之外，我们拥有一个情感圈子，以规避家庭的风浪。我们也少不了交际圈，通过这个圈子，我们可以充实自己、丰富自己，更重要的是可以保持我们思维的新鲜和观念的领先，让思想不会落伍。

我们姑且先学着扩大自己的兴趣圈子，兴趣多了，自然就可以进入更多的圈子；话题多了，交友的范围就会扩大。没有名利的干扰，没有物欲的腐蚀，只有至纯至真的情感，我们可以活得更自在。

静思小语

我们姑且先学着扩大自己的兴趣圈子，兴趣多了，自然就可以进入更多的圈子；话题多了，交友的范围就会扩大。没有名利的干扰，没有物欲的腐蚀，只有至纯至真的情感，我们可以活得更自在。

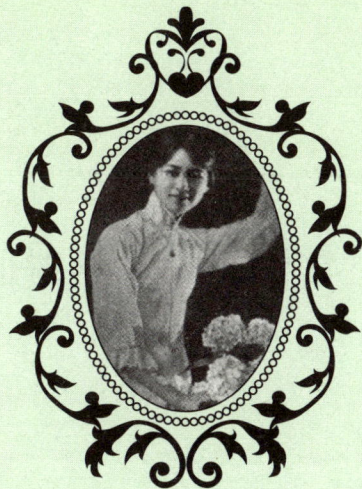

经万千繁华，归山花宁静

———— 享受生活，活出自我 ————

　　如果你以为林徽因的生活无非是一些高朋满座的沙龙，估计是误解了。作为一个有品位有格调的文化人，她总能把生活过得有滋有味。一个可以看尽青春年少的繁华，又能甘心归于平淡生活的女子，可以带给你无尽的遐想。

生活，需活出一种洒脱的姿态

林徽因在洒脱的一生中，"放下"的事情很多，她能承受一般女人所不能承受之轻，也能承受他人所不能承受之重。

林徽因既耐得住学术的寂寞和生活的艰辛，也享受得了繁华中的尊贵。在处于绝境的时候，她仍然选择留在祖国，即便处于百般周折中也拒绝平庸。

诚如费正清所说："他们不仅具有极高的学术水平，而且还有崇高的品德修养，而正是后者使他们能够始终不渝地坚持自我牺牲，坚定地为中国的现代化作出了自己的一份贡献。"

凡事用平常心对待，心底无私的人最洒脱

抗战期间，林徽因在李庄的6年恐怕是她一生中情绪最抑郁的时期，在战争与疾病中艰难度日的她，几乎过着与世隔绝的生活。

对于这段生活，她在给费慰梅的信里写道："我们遍体鳞伤，经过惨

痛的煎熬，使我们身上出现了或好或坏或别的什么新品质。我们不仅体验了生活，也受到了艰辛生活的考验。我们的身体受到了严重的损伤，但我们的信念如故。现在我们深信，生活中的苦与乐其实是一回事。"

在最困难的时候，她依然"信念如故"，磨难锻炼了她的意志，使她领悟到"生活中的苦与乐其实是一回事"，她能够坦然面对现实世界里更多的挫折，苦也好，乐也罢，都会成为过去式。

林徽因在给胡适的信中曾写道："实说我不会也以诗人的美谀为荣，也不会以被人恋爱为辱。我永远是'我'，被诗人恭维了也不会增美增能。"

她总是以洒脱的姿态面对生活中所有的挑战甚至流言蜚语，并不避讳追要徐志摩的生前日记："有过一段不幸的曲折的旧历史没有什么可羞惭。"只是成家以后，她已经不再是一个人，而是一个家庭中的成员，对她来讲本无可厚非，只是处事更加谨慎一些罢了。

她洒脱到能把"移情别恋"的困苦向丈夫讲出来，这种把真实表现得淋漓尽致的做法着实令人赞叹。

早在林徽因刚过门的时候，她就获得了梁启超的高度赞赏："新娘子非常大方，又非常亲热，不解作从前旧家庭虚伪的神容，又没有新时髦的讨厌习气，和我们家的孩子像同一个模型铸出来。"梁启超形容她"非常大方"，是对她洒脱的极好评价。

洒脱是林徽因的一贯作风，早在宾大学习时就已经流露出来。她的一位同学在《蒙塔纳报》写了一篇访问记，中间描述林徽因的部分有这样的内容："她坐在靠近窗户能够俯视校园中一条小径的椅子上，俯身向一张绘图桌，她那瘦削的身影匍匐在那巨大的建筑习题上，当它同其他30到40张习题一起挂在巨大的判分室的墙上时，将会获得很高的奖赏。这样说并非捕风捉影，因为她的作业总是得到最高的分数或是偶尔得第二。她不苟言笑，幽默而谦逊，从不把自己的成就挂在嘴边。"虽然成绩很好，但她从不张扬，只是让事实说话，十分谦逊。

人在生活中，心在生活外

梁思成和林徽因是在加拿大渥太华举办的婚礼，他们选择的日子是为了纪念宋代杰出建筑师李诫。而林徽因不愿在教堂举行西式婚礼，于是结婚仪式是在中国驻加拿大总领事馆举行的。林徽因也不愿意穿西式的白纱礼服，但又没有中式的可以穿，于是她充分发挥自己的天性，亲自为自己设计了一套"东方式"的结婚服装。

这种洒脱中还带有一些可爱的成分，但最令人敬佩的还是她的民族情结，虽然接受了西式的教育，但骨子里还是民族主义占主体。李健吾在《林徽因》中也说："她是林长民的女公子，梁启超的儿媳。其后，美国聘请他们夫妇去讲学，他们拒绝了，理由是应该留在祖国吃苦。"这无疑是她活得洒脱的最好的见证，真正的洒脱是脱离了纯粹的个人情趣的。

内心世界充满热情的林徽因，从不遮掩对感情的渴求，她说："没有情感的生活简直是死！"她和金岳霖的情谊被后人赞为"人与人关系臻于最美最崇高的境界"。能够在感情的"漩涡"里做得如此克制而周全，也确实够洒脱了。

内在洒脱的女子，无论处在什么样的生活境况中，洒脱都是不变的旋律。

在昆明避难期间，林徽因一样的洒脱。陈公蕙说："林徽因性格极为好强，什么都要争第一。她用煤油箱做成书架，用废物制成窗帘，破屋也要摆设得比别人好。其实我早就佩服她了。"

显然，林徽因已经把洒脱打造成了一种生活情趣，那是悲惨生活里的乐观主义。

当听到日本侵略者宣布无条件投降的消息时，林徽因欣喜若狂，她坐轿子到茶馆去，甚至不惜破了不喝酒的戒，那是她历时4年第一次离开居所。而当时她已经是贫病交加，身体状况极差，但这些并没有影响她的洒脱姿态。

林徽因说："生命早描摹了它的式样，是我们的想象太美。在表面的幸福下，这其中有多少割舍不下的缠绵和心痛。"世事多变化，有些东西是注定不属于我们的，我们能够拥有自己想拥有的，珍惜应该珍惜的，已经是莫大的幸福了。林徽因始终是克制的女子，虽追求浪漫与繁华，生活里却更多的是平淡和琐碎，可她从没有让幸福缺席。

生活，的确需要活出一个洒脱的姿态。

放下"过去的创伤"，救出"抑郁"的你

如果在恋爱中，当男人已经决定和我们分手，即使爱得有多么深、多么刻骨铭心，也不要去挽留。缘尽了，爱散了，一切就让它结束吧。我们挽留的可能是更多的伤心，洒脱一点，不要让自己活得那么委屈，更不要给别人的错误埋单，你不需要过哪怕是一丁点儿的委曲求全的生活。

做一个洒脱点的女人，让自己的头脑处于冷静的状态，尽管会有一些不甘心，会有太多的留恋，也或许会想起他的千百种好，但都不允许自己头脑发热。否则的话，当一切尘埃落定后，留下的可能是更多的后悔。

让自己活得更加坚强一些吧，学会洒脱地面对所有的局面，我们即便非常渴望与需要爱情，但也不要忘记了家人朋友才是我们生命中最值得珍惜的，他们一直在守候着我们。女人在受伤过后，就不要停留在过去的伤痛中。给自己一点点时间，或者换个环境，学会自我疗伤，学着尽快地走出那片阴霾，删除不良记忆，一切从头再来，没什么大不了的。

活出一个洒脱的状态，随时给镜中的自己一个微笑，我们本可以活得更加漂亮，更加自信，更加率性！

当然，天下没有不散的宴席，不管爱憎别离，还是风花雪月，都只不过是人生过程中的一道风景，学会欣赏它们，我们就能永远掌舵生命的方向。当一场刻骨铭心的爱恋成为历史，我们不妨让自己回归自我的世界，待到风平浪静，获得自我的解脱后，一切还是那么美好。学着记住该记住的，忘掉该忘掉的，让自己洒脱地活着。

或许会多一些平淡，或许会少一些浪漫，或许会多一些孤独，或许会少一些繁华，但都没有关系，因为我们活出的是真实的自我。

有什么放不下的呢？很多事情看透了、悟明白了，都只是我们取得幸福的过程而已，重要的是我们自己的想法与活法。很多不必要的伤痛都只是别人强加给我们的，是我们原本不必承担、不必扛在身上的，对于那些挫折或者"逆势力"，我们权是一种考验吧。它们降临到我们头上只是让我们变得更加坚强一些罢了，又何必想不开呢？何必与那些虚虚实实的匆忙过客一般见识呢？

爱不是目的，坚守自我也不是目的，幸福才是目的。活出一个高大的自我、活出一个有气节的自我、活出一个骄傲的自我，也是一种洒脱的幸福真谛。

洒脱是一种姿态、一种坚强、一种魅力。当坦然面对生活中的所有缺憾时，我们可以在生命的每一个节点优雅地转身，也可以高调地离去，活出一种洒脱的姿态！

静思小语

爱不是目的，坚守自我也不是目的，幸福才是目的。活出一个高大的自我、活出一个有气节的自我、活出一个骄傲的自我，也是一种洒脱的幸福真谛。洒脱是一种姿态、一种坚强、一种魅力。

既能升格，也能降调

在林徽因的身上，有一种永不褪色的坚强。她虽没有张爱玲的凌厉、陆小曼的决绝，但却是个既能升格也能降调的女子。

林徽因沿袭了传统优秀女性的血统，才情与美貌浑然一体。

张爱玲说，喜欢一个人，可以低到尘埃里，从尘埃里开出花来。而林徽因则是清水里开出的一朵白莲，格调雅致，柔美温婉，没有半点的污浊。她也以自己的热情、美丽、智慧和率直，使整个"客厅"聚会保持着它应有的格调。

知识让女人的格调不请自来

《女人的资本》一书中说：摩登女人过于肤浅，另类女人过于张扬，传统女人过于保守，普通女人过于小气，而有一种女人把"体面、适当"奉为一生的信仰，这就是"格调女人"。

林徽因曾经在国立北平大学女子文理学院任教，讲授外语系的课程。

有一位教授曾选修过她的课，他说："曹靖华、周作人、朱光潜都在此执教。林徽因每周来校上课两次，用英语讲授英国文学。她的英语流利、清脆悦耳，讲课亲切、活跃，谈笑风生，毫无架子，同学们极喜欢她。每次她一到学校，学校立即轰动起来。她身着西服，脚穿咖啡色高跟鞋，摩登、漂亮而又朴素、高雅。女校竟如此轰动，有人开玩笑说，如果是男校，那就听不成课了。"

当时的林徽因确实散发着独到的东方神韵，居然有着"如此轰动"的效应。

梁从诫在回忆母亲时说："文学上的这些最初的成就，其实并没有成为母亲当时生活的主旋律。对她后来一生的道路发生了重大影响的，是另一件事，1931年4月，父亲看到日本侵略者的势力在东北日趋猖狂，便愤然辞去了东北大学建筑系的职务，放弃了刚刚在沈阳安下的家，回到了北平，应聘来到来启铃先生创办的一个私立学术机构，专门研究中国古建筑的中国营造学社，并担任了法式部主任，母亲也在学社中任校理。以此为发端，开始了他们的学术生涯。"

一个既能升格也能降调的女子，她是不会因外来的压力而改变自己的。

"当时，这个领域在我国学术界几乎还是一片未经开拓的荒原。国外几部关于中国建筑史的书，还是日本学者的作品，而且语焉不详，埋没多年的我国宋代建筑家李诫（明仲）的《营造法式》，虽经朱桂老师热心重印，但当父母在美国收到祖父寄去的这部古书时，几乎完全不知所云。遍布祖国各地无数的宫殿、庙宇、塔幢、园林，中国自己还不曾根据近代的科学技术观念对它们进行过研究。"梁从诫说。

"作为一个古建筑学家，母亲有她独特的作风，她把科学家的缜密、史学家的哲思、文艺家的激情融于一身。从她关于古建筑的研究文章，特别是为父亲所编《清式营造则例》撰写的绪论中，可以看到她在这门科学上的造诣之深，她并不是那种仅会发思古之幽情、感叹于'多少楼台烟雨中'的古董爱好者；但又不是一个仅仅埋头于记录尺寸和方位的建筑技师。在她眼里，古建筑不仅是技术与美的结合，而且是历史和人情的凝聚。"梁从诚显然对林徽因的故事有着深刻的认知，他对母亲结合不同的专业知识做出的优雅的研究发出了淋漓尽致的赞叹，这也正是一个格调女人的最大魅力所在。

让自己的格调提升美丽的含金量

对于林徽因的格调，恐怕与她有过亲密接触的人是最有发言权的。林洙女士在《困惑的大匠·梁思成》中慨叹道："她是我一生中所见识过最有风度的女子。她的一举一动、一言一谈都充满了美感、充满了生命、充满了热情。……当你和她接触时，实体的林徽因便消失了，而感受到的则是她带给你的美和强大的生命力。"

看来，格调中的某些东西用语言难以讲得很清楚，我们姑且借着先人的视线来看一看吧。如果想去理解林徽因的格调之美，可能就需要充分发挥我们的想象力了。

作家陈衡哲的妹妹陈衡粹也记录了有关林徽因的印象："有一天同一位朋友上山游览，半山上一顶山轿下来，我看见轿子里坐着一位年轻女士。她的容貌之美，是生平没有见过的。想再看一眼，轿子很快下去了。我心中出现'惊艳'两字。身旁的人告诉我，她是林徽因。用什么现成话赞美她？闭月羞花、沉鱼落雁等都套不上，她不但天生丽质，而且从容貌和眼神里透出她内心深处骨头缝里的文采和书香气息。"看来这也只能是可意会而不可言传之美了。

南非前总统曼德拉曾说过："生命中最伟大的光辉不在于永不坠落，而是坠落后总能再度升起。"那些站在高处"激昂文字、指点江山"的人

211

应该是那种既可以升格也可以降调的人吧。

在女人的世界里，容貌似乎总能在事业上或者生活上助我们一臂之力，让我们取得更好的成绩或者过得更好，但我们为自己贴上"美丽标签"的同时，格调是必不可少的营养。因为容貌只会陪我们走过一段时光，它早晚都会现出下行路线，而格调却是一股内在的力量。

坚持自我，打造升降自如的格调

我们当保持淑女的风范，不靠"使性子"来取得他人的好感或者妥协，做事时要永远保持一颗真诚的心。我们鲜有见过林徽因闹情绪，生活里或许有些磕磕碰碰，但从不用眼泪说事儿。我们需要一种很好的习惯，以保持自己的矜持与刚强，有时候虽然很累，但我们仍然倾向于用自己的努力统筹安排所有我们需要做的事。就是再忙，我们也不失女人的温柔，永远给人以成熟、稳重、踏实的印象，永远让人找不到丝毫的"把柄"。

在需要我们挺身而出时，我们能快速升格，而当舞台不再属于我们时，我们要迅速离开，通过降调把舞台还原给别人。我们也从不做违背做人原则与伤气节的事情，更不会我行我素，连说话时都会降低说笑的音调，让自己"退隐"得更彻底。

我们还可以在装扮上让人一眼看上去就觉得与众不同，整体流露出一种我们自己的Style，虽不至万般惊艳，但要给人一个难忘的印象，不必穿跟别人一模一样的衣服，可以用个性的妆容来彰显自己的风格，保证自己不被埋没在人群之中。

要做到升降自如，是不能只注意台面工夫的，我们还需要充实自己的内心世界，才可以沉淀出恒久的魅力。当然，少不了多阅读、多欣赏优雅的艺术作品，不断地装饰、丰富和完善自己，从而提高自己的身心格调。总之要身心愉悦，去感受周围的一切，去欣赏一切值得欣赏的东西，以一种充满勇气和希望的心态去面对这个变幻莫测的世界。

格调是一种智慧，我们要做发挥自己本色的格调女人，从容自信地处世。格调也是一种个性，是一种自我的坚持，从不去盲目克隆别人的美，因为格调是独一无二的。格调只能蕴藏在个体的差异之中，只有打造出一个全新的自我，才能拥有不同于一般女人的韵味，成为一个让人一见难忘的人。

既能升格，也能降调，做这样的女人，永远带有一种磁性，吸引着周围的朋友。

静思小语

格调是一种智慧，我们要做专属自己本色的格调女人，从容自信地处世。格调也是一种个性，是一种自我的坚持，从不去盲目克隆别人的美，因为格调是独一无二的。

既能浪漫，又能世俗

一个女人，如果仅仅能够经得起浪漫，那可能是个贵妇，如果在经得起浪漫的同时又能过世俗的日子，那至少是个知性的女子。

林徽因与徐志摩有过一段浪漫的情感，但她在婚姻上却选择了梁思成，甘愿过世俗一些的平淡生活，她将浪漫融到了日常的柴米油盐之中。

浪漫适可而止，我们终将回归现实

林徽因在加拿大举办完婚礼之后，同梁思成一起赴欧洲希腊、意大利、法国、西班牙等国度蜜月。能够在上个世纪20年代旅行结婚并去欧洲度蜜月，的确是够时尚了，但与众不同的是，他们并不是纯粹的旅行。

据说，他们每到一处，都是有目的地观摩考察，研究欧洲的经典建筑，很有意义，这种浪漫拥有了一定的内涵，不是单纯的物质化的享受。

不过，爱情在林徽因眼里是"极端的愉快，灵质的，透明的，美丽的快活"，是"近于神话理想的快活"，"我情愿也随着赔偿这天赐的幸

　　林徽因真是一个特别的女人，能浪漫得彻底，也能世
俗得可爱。她能在诗歌中表达自己各种浪漫新奇的想法，
也能在现实生活的锅碗瓢盆间奏出动听的交响乐，可谓上
得厅堂，下得厨房。

福，埋在悲痛，纠纷，失望，无望，寂寞中挨过若干时候，好像等自己的血在创伤上结痂一样！""我所谓极端的、浪漫的或实际的都无关系，反正我的主义是要生活，没有情感的生活简直是死！"

英国文学史学家李公昭说："浪漫主义作家重视个人的主观感受和经验的特殊性。"对于爱情的理解，林徽因显然是倾向于浪漫主义的。

而在早期的时候，林徽因与徐志摩交往了一段时间，那段历史可能是林最浪漫的过往。徐志摩说："我想，我以后要做诗人了。徽因，你知道吗？我查过我们家的家谱，从永乐以来，我们家里，没有谁写过一行可供传颂的诗句。我父亲送我出洋留学，是要我将来进入金融界的。徽因，我的最高理想，是想做一个中国的汉密尔顿。可是现在做不成了，和你在一起的时候，我总是想写诗。"

"有一天下起了倾盆大雨，你去温源宁的校舍约他到桥上看虹去，有过这样的事吗？"林徽因这样问他。徐志摩点了点头。

"你在桥上等了多久，看到虹了吗？"她问。

"看到了。"

"你怎么知道一定会有虹？"

"呵！那完全是诗意的信仰。"

这段饱含诗情的对话简直浪漫极了，完全是在浪漫国度的倾情流露。

但浪漫归浪漫，最后还是要回到现实中的，林徽因知道浪漫不能当饭吃，她也不可能天天和徐志摩生活在浪漫里，于是她郑重地收起了对徐志摩的情感。林徽因说："道德不是枷锁，而是对生命负责的态度。我不是没有来，只是无缘留下。"

这可以理解为她对那段浪漫故事作下的一个浪漫式的收尾。她并不是不懂浪漫，也并不是不够浪漫，只是她更懂得浪漫与现实之间的关系，更懂得如何维护浪漫与现实之间的距离，保证自己不会越界，不会被浪漫"绑架"。

显然，对林徽因而言，浪漫，适可而止，不必做得淋漓尽致。

保持一颗细腻的心，浪漫地行走于世俗之中

在林徽因的一生中，浪漫更是一种内在的特质。

文洁若在《才貌是可以双全的——林徽因侧影》中说：

一会儿，林徽因出现了，坐在头排中间，和她一道进来的还有梁思成和金岳霖。开演前，梁从诫过来了，为了避免挡住后面观众的视线，他单膝跪在妈妈面前，低声和妈妈说话。林徽因伸出一只纤柔的手，亲热地抚摸着爱子的头。林徽因的一举一动都充满了美感……没想到已生了两个孩子，年过40的林徽因，尚能如此打动同性的我。

林徽因在言谈举止之间都流淌着浪漫，已然超越了年龄与感情的范畴。

在东北的时候，当时时局混乱，但却丝毫不影响林徽因发挥浪漫的特质。她说："当时东北时局不太稳定，各派势力争夺地盘。一到晚上经常有土匪出现（当地人称为胡子），他们多半从北部牧区下来。这种时候我们都不敢开灯，听着他们的马队在屋外奔驰而过，那气氛真是紧张。有时我们隔着窗子往外偷看，月光下胡子们骑着骏马，披着红色的斗篷，奔驰而过，倒也十分罗曼蒂克。"能够把土匪的马队形容成"罗曼蒂克"，恐怕也只有林徽因能做得出来吧。

可以说林徽因一生都是浪漫的，但她嫁给梁思成，却是从世俗的角度考虑的，因为他不太善言谈，也不是浪漫主义者，但成熟又稳重。相对于徐志摩来说，林徽因是个生活的高手。

在后来的"日记风波"中，凌淑华表达了对林徽因的不满。胡适在日记中说："为了志摩的半册日记，北京闹得满城风雨，闹得我在南方也不

能安宁。"林徽因在给胡适的信中说："我的教育是旧的，我变不出什么新的人来，我只要'对得起'人——爹娘、丈夫（一个爱我的人，待我极好的人）、儿子、家族等等……"或许是为了不让那段历史影响到现在的生活与个人形象，林徽因选择了自己的处理方式，也或许，这只是她世俗一面的一个写照。

在我们常规的意识里，浪漫与世俗是一对反义词，一个浪漫女人的眼睛里一般容不下世俗的人与事，而在世俗女人的生活里又难以上演浪漫。

梁山伯与祝英台式的美丽爱情只能成为故事，家庭背景、工作单位、收入状况、身高、相貌等更是我们考量的对象。曾几何时，我们变得那么世俗，让浪漫成了一种奢侈品。而更多的是，我们渴望浪漫，却不得不世俗。

有人说，在当今社会，谈钱很俗，但钱又是不能不谈的话题。的确，金钱可买得安逸舒适的生活，买得了房，买得了车，却买不来真正的爱情，买得了床，却买不来安心的睡眠，世俗终归是世俗，世俗的金钱买不来真正的浪漫。

女人往往比男人更喜欢浪漫的生活，浪漫的女人喜欢看浪漫的故事，也记得浪漫故事的每一个情节。浪漫的女人向往浪漫，更渴望浪漫永远留存于生活之中，她甚至记得和恋人携手走过的点点滴滴。

享受生活，创造世俗中的浪漫

女人世界里的浪漫，并不一定全是风花雪月，也不全是烛光晚餐、鲜花玫瑰，而在于生活中的一点惊喜，一点风情，一点关怀，甚至一个会心的微笑。或者，在一个美丽的夜晚，为自己点燃一盏小桔灯或一支蜡烛，静静地坐在沙发上细细地品着香茗，慢慢回忆过去的风华。或者静静地观赏一部韩剧，流几滴入情的眼泪。自己的故事，别人的故事，真实的故

218

经万千繁华，归山花宁静

事，虚构的故事，都无所谓了，只是沉浸于那份浪漫里，享受那浪漫的片刻时光，仅此而已。

我们还可以选一个有纪念意义的夜晚和心爱的人一起站在阳台上看星星，因为我们知道，爱是浪漫的起点，而心是浪漫的终点，一段音乐、一支玫瑰、一杯咖啡，一个香吻，就能满足我们对浪漫的渴求。我们不必奢求太多，因为浪漫本身是简单的。

在丈夫或孩子生日时，我们在餐桌的水晶花瓶里插上一把鲜花，或亲手烹饪出一桌色香味俱全的饭菜，然后静静地看着他们大口小口地吃完，互相笑着的瞬间就是我们最大的浪漫。我们也可以想象，到老了的时候，挽着老伴儿的胳膊，在广场上跳舞，在小区的小道上散步，坐在小亭子里一起回首往事，也或者两个人只是静静地坐着，相视而笑，浪漫之情油然而生。

我们可以像林徽因那样，把浪漫融入到世俗里，没有全然的浪漫，也没有绝对的世俗。不用太刻意，只需要一颗细腻而柔和的内心，只需要心中充满爱，只需要全身心地投入到生活里，用心体验生活的细节与方方面面。

我们且不必留恋浪漫的情节，或者浪漫的人与感情，因为我们还有世俗的一面，所以活得还是要现实一点。

在现实的环境里需要活得真实，我们需要早一天理解和适应现实环境，在作出决定之前，先要问问"这样做能不能让我幸福"。这个时候，我们要放弃女人的天真和无邪，学会过日子，勤勤恳恳，工作与家务，里外操劳。

我们要放弃少女时代的天真烂漫，为自己的生活注入一些沧桑。但不论怎样，我们在心底的浪漫犹存，尽管我们身上多了一股喷再多的香水也无法掩盖的油烟味，尽管我们的身材比不得从前，尽管我们的嗓音没有以前好听，但仍然活得淡定从容。

　　既能浪漫，也能世俗，学会享受生活，善待自己，珍惜生活的每一个细节和身边的每一个人，始终以一颗充满热情的心去生活。也许受过伤，流过泪，但我们依然不会放弃心里的那份浪漫，我们更懂得享受生活和每一次简简单单的快乐。

静思
小语

　　既能浪漫，又能世俗，学会享受生活，善待自己。也许受过伤，流过泪，但是我们依然不会放弃心里的那份浪漫，我们更懂得享受生活以及生活中每一次简简单单的快乐。

扮演好自己的各种角色

像林徽因这样的女子，身兼多种职责，她不单单是一个作家，不单单是一个建筑学家，也不单单是一个妻子，她是一个焦点，是两大显赫家族的"中枢神经"。对她来说，有时做好自己并不是件简单的事情。

面对婚姻，意味着你要面对多种角色

她需要扮演好自己的各种角色。

但有一段时间，林徽因陷入了苦恼。

费慰梅在回忆录《梁思成和林徽因———一对探索中国建筑的伴侣》中说："当时，徽因正在经历着她可能是生平第一次操持家务的苦难。并不是她没有仆人，而是她的家人包括小女儿、新生的儿子，以及可能是最麻烦的，一个感情上完全依附于她的、头脑同她的双脚一样被裹得紧紧的妈妈。中国的传统要求她照顾她的妈妈、丈夫和孩子们，监管六七个仆人，还得看清楚外边来承办伙食的人和器物，总之，她是被要求担任

　　她是一个思想独立的女子。青春年少时，她知道自己
该学什么；人近中年时，她知道自己想要什么。面对人生
赋予她的任何一个角色，她都能诠释得很好。她就是林徽
因。

法律上家庭经理的角色。这些责任要消耗掉她在家里的大部分时间和精力。"

显然，各种家庭事务消耗了她大量的时间与精力，"她是被要求担任法律上家庭经理的角色"，因为身份角色的转变，她不得不面对诸多的家庭事务。

"她在书桌或画板前没有一刻安宁，可以不受孩子、仆人或母亲的干扰。她实际上是这十个人的囚犯，他们每件事都要找她做决定。当然这部分是她自己的错。在她关心的各种事情当中，对人和他们的问题的关心是压倒一切的。她讨厌在画建筑草图或者写一首诗的当中被打扰，但是她不仅不抗争，反而把注意力转向解决紧迫的人间问题。"费慰梅写道。

当一切问题如潮水般向她袭来时，她没有逃避，也没有被折腾得焦头烂额，她理得清哪是重点，哪是迫切需要解决的问题。无疑，她是一个有责任心的女人，她把喜好和工作暂时放在一边，专心去处理家里的事情。

当然，除了家庭角色，林徽因处理感情问题也是一样的精彩与恰到好处。

在徐志摩逝世4周年的时候，林徽因写了一篇《纪念志摩去世四周年》的散文。文中写道："但是我却要告诉你，虽然四年了你脱离去我们这共同活动的世界，本身停掉参加牵引事体变迁的主力，可是谁也不能否认，你仍立在我们烟涛渺茫的背景里，间接地是一种力量，尤其是在文艺创造的努力和信仰方面。……你并不离我们太远。你的身影永远挂在这里那里，同你生前一样的飘忽，爱在人家不经意时莅至，带来勇气的笑声也总是那么嘹亮，还有，经过你热情或焦心苦吟的那些诗，一首一首仍串着许多人的心旋转。"

她对昔日的恋人还是充满了热情，并没有一丝冷漠。

"说到你的诗，朋友，我正要正经的同你再说一些话。你不要不耐烦。这话迟早我们总要说清的。人说盖棺定论，前者早已成了事实，这后者在这四年中，说来叫人难受，我还未曾读到一篇中肯或诚实的评论，虽然对你的赞美和攻讦由你去世后一两周间，就纷纷开始了。但是他们每人手里拿的都不像纯文艺的天秤；有的喜欢你的为人，有的疑问你私人的道德……或断言你是轻薄，或引证你是浮奢豪侈！朋友，我知道你从不介意这些，许多人的浅陋老实或刻薄处你早就领略过一堆，你不止未曾生过气，并且常常表现怜悯同原谅；你的心境永远是那么洁净；头老抬得那么高；胸中老是那么完整的诚挚；臂上老有那么许多不折不挠的勇气……"林徽因用真挚的语言道出了对徐志摩的纪念之情。

但看得出来，林徽因将徐志摩的角色牢牢定位在"朋友"上，她也很好地扮演了"朋友"这一角色。她站在朋友的立场替徐志摩说话，甚至为他辩论是非，用的都是非常中肯的语言。

心中常存那分真

林徽因是一个"仍要保存那真"的人。

在丈夫梁思成那里，她获得了"文章是老婆的好，老婆是自己的好"这样至高的认可。梁思成曾这样对林徽因说："拉斯金的演讲词中说：'真正的妻子，她无论走到什么地方，家便围绕着她出现在什么地方……'对于我来说，你就是我的中心，你在哪里，我就要跟随着你去哪里，你在哪儿，我们的家就在哪儿。你就像是我的心灯，让我再也不是孤单一个人面对黑夜了。"看来，林徽因十分称职地扮演好了妻子一职，否则梁思成不会对她如此"俯首听命"。

在朋友那里，沈从文说她是"绝顶聪明的小姐"，萧乾称林徽因是"聪慧绝伦的艺术家"，费慰梅则认为，林徽因"能够以其精致的洞察力为任何一门艺术留下自己的印痕"。甚至，连冰心也说："她很美丽，很

　　在学生时代，林徽因亦是学校里的风云人物，成绩优秀，相貌出众，无论站在校园的哪个地方，都是一道美丽的风景。

有才气。"她认为林徽因"俏"。

在孩子眼里，"她是一位用对成年人的平等友谊来代替对孩子的抚爱的母亲"。梁从诫在回忆中写道："她的诗本来讲求韵律，由她自己读出，那声音真是如歌。她也常常读古诗词，并讲给我们听，印象最深的，是她在教我读到杜甫和陆游的'剑外忽传收蓟北''家祭毋忘告乃翁'，以及'可怜小儿女，未解忆长安'等名句时那种悲愤、忧愁的神情。"

当然，在父亲林长民和公公梁启超那里，林徽因更是无可挑剔。

明白你的责任，才能扮演好你的角色

米兰·昆德拉说："女人的一生，就是从上一个家到下一个家。"在女人的一生中，要扮演很多角色，不同的角色对女人有不同的定位和要求。面对不同的角色，女人就会负有不同的责任和义务。若想扮演好各种角色，需要有大智慧。

想扮演好女儿的角色，要学会撒娇，"会哭的孩子有奶吃"，因为我们的娇嗔，父亲见到我们时，能够让他忘却所有的疲惫与辛劳，也会让母亲感到更多的欣慰与踏实。

想扮演好学生的角色，要才学出众，让老师引以为傲，除了有良好的学习成绩外，如果再有演讲、主持、竞赛、表演节目、组织社团活动等能力，那是再好不过了。

想扮演好恋人的角色，永远不要做费心的管家和愚蠢的怨妇，永远不要给对方压力和负担，学会给对方多一些时间和空间，温柔地等待，并在等待的过程中不断地完善自己，表现出最好的精神状态，给他留下最美的记忆。

还要扮演好妻子的角色。婚姻对于女人来说，是一生的投资。如果婚姻是一辆马车，女人不能用鞭子和高声吆喝去驾驭它。想扮演好妻子的角色，要好好经营、用心维护，使男女双方形成一种内在的平衡关系，互相依靠，但又各自独立。"好女人是一所学校"，好丈夫是靠自己精心培养出来的，扮演好妻子的角色，就能提升自己在家庭中所占的分量。

我们应该学会用生命去经营爱情，用爱情管理男人，用真心营造良好的家庭氛围。我们要体贴持家，不沉浸在昔日所谓的浪漫和惊喜里，用心地维持好现实生活里的各种秩序和关系，全心全意地爱丈夫、爱儿女，做好家里的"管家"，整理出一个干净、整洁的"港湾"。

想扮演好母亲的角色，自己就要坚持学习，因为只有父母好好学习，孩子才能天天向上，父母的观念是孩子的起跑线，只有把自己打造成为一个好的磁场，才能更好地引导孩子，给他们更好的教育。做出最好的榜样给孩子，才能让孩子向我们学习，效仿我们。

有一种说法，娶一个好女人会福及三代人，未来竞争是"娘与娘"之间的竞争，的确是有一番道理的。女人扮演好母亲的角色是一种历史的任命，母亲对孩子成长的作用不可估量。当然，身为一个母亲，要懂得去忍，懂得去爱，因为无知的爱等于伤害。"言教不如身教，身教不如境教"，自己永远做孩子心中最好的榜样，给孩子创造一个良好的成长环境，孩子将来才能出类拔萃。

当然，我们也要扮演好朋友的角色，朋友是我们一生最大的财富，我们要与朋友和谐相处，永远做别人的"资产"，永远传递给朋友正能量，坦诚相待，永远珍惜与朋友之间难得的友情。

在我们的生活中，可能更多的是一些柴米油盐的事情，我们在眷顾家庭的同时也不要忽视自己的事业，还要扮演好事业中的各种职场角色。虽然不必把心思全放在事业上，但也要给自己留出一些空间，以免成为一个家庭"保姆"。

我们还要真正地做到经济独立、能力独立、思想独立，只有在精神上、人格上独立了，我们才能活出真正的自我，才能真正成为生活的主人，也只有这样，我们才能扮演好自己的人生角色。

静思
小语

虽然不必把心思全放在事业上，但也要给自己留出一些空间，以免成为一个家庭"保姆"。我们还要真正做到经济独立、能力独立、思想独立，只有在精神上、人格上独立了，我们才能活出真正的自我，才能真正成为生活的主人。

经得起繁华，归得起平淡

　　林徽因是一个出身于官僚知识分子家庭的大家闺秀。梁从诫说："我的外祖父林长民（宗孟）出身仕宦之家，几个姊妹也都能诗文，善书法。外祖父曾留学日本，英文也很好，在当时也是一位新派人物。"她有着不凡的家庭背景，嫁的丈夫也是名流之子，所以说她是一个从繁华中走出来的女子。

　　在1924年4月23日泰戈尔访华之际，当时的上流社会惊叹她是"人艳如花"。她20岁就以才貌双全闻名于当时的北京上层文化圈，仅仅用业余时间便创作出了极具专业水准的文学作品，在京派作家圈中拥有不可替代的一席之地。

　　她是中华人民共和国国徽和人民英雄纪念碑的主要设计者之一，她将自己置身于男性主流社会中，并获得了至高的殊荣与赞叹。她24岁被聘为东北大学建筑学教授，45岁时被清华大学聘为一级教授，在自己的专业上取得了卓越的成就。

　　这是一个集万千繁华于一身的奇女子。她在"太太的客厅"里也是出

尽了风头的，她似乎是为繁华而生，又为繁华而存在的，总是一个群体的
中心人物。

被生活击倒，还要继续奔跑

像林徽因这样的"万人迷"，很多人以为她不能承受过于平淡的生
活，但她确实能够过平淡的日子。

在避难期间，她和梁思成住在只有几十户人家的小村子，所租住的农
舍很简陋，外面下大雨，里面就下小雨，是老鼠和蛇经常光顾的地方，甚
至连吃水用水都要到村外的水塘去挑。据说林徽因买回的第一样物品是一
口近一米高的陶制大水缸，用来储存挑进屋里的日常用水。到了晚上，只
能靠菜油灯照明。

他们在一只三条腿的火盆上支一口锅，在锅里做饭。用煤灰和泥做成
的煤球就是他们做饭的燃料。他们必须天天外出去买食物，因为那里没有
任何冷藏设备，走的是土路，天气干燥的时候，路上尘土飞扬，下雨天则
满是泥泞。

那个地方，没有布，没有电话，没有交通工具。这位名门闺秀，从繁
华生活里走出来的留洋才女，在那一段时间里，似乎变成了一个男人。甚
至她自己要爬上房顶修葺他们的住所，她俨然成了一个地地道道的农村妇
人。

李健吾曾在《林徽因》一文中说："我最初听到他们的信息，是有人
看见林徽因在昆明的街头提了瓶子打油买醋。"然而那个时候比起在昆明
时，则是差了不知多少倍。

由于梁思成车祸受伤的后遗症不时发作，是不能干体力活儿的，于是
操持家务的重担就落到了林徽因身上。而林徽因并不是擅长所有的活儿，
她在给费慰梅的信中说："每当我做些家务活儿时，我总觉得太可惜了，

觉得我是在冷落了一些素昧平生但更有意思、更为重要的人们。于是，我赶快干完了手边的活儿，以便去同他们'谈心'。倘若家务活儿老干不完，并且一桩桩地不断添新的，我就会烦躁起来。"

这样的生活何止是平淡，简直是困苦交加，时刻都在考验着她的忍耐极限。

林徽因在诗《微光》中记录下了那段平凡：

街上没有光，没有灯，
店廊上一角挂着有一盏；
他和她把他们一家的运命，
含糊地，全数交给这黯淡。
街上没有光，没有灯，
店窗上，斜角，照着有半盏。
合家大小朴实的脑袋，
并排儿，熟睡在土炕上。
外边有雪夜；有泥泞；
砂锅里有不够明日的米粮；
小屋，静守住这微光，
缺乏着生活上需要的各样。
缺的是把干柴，是杯水；麦面……
为这吃的喝的，本说不到信仰，——
生活已然，固定的，单靠气力，
在肩臂上边，来支持那生的胆量。
明天，又明天，又明天……
一切都限定了，谁还说有希望，
即使是做梦，在梦里，闪着，

仍旧是这一粒孤勇的光亮？

街角里有盏灯，有点光，

挂在店廊；照在窗槛；

他和她，把她们一家的运命

明白的，全数交给这凄惨。

她自己形容自己说："我是女人，理所当然变成一个纯净的'糟糠'典型，一起床就洒扫、擦地、烹调、洗衣、铺床，每日如在走马灯中过去。然后就跟见了鬼似的，在困难的三餐中间根本没有时间感知任何事物，最后我浑身疼痛着呻吟着上床，我奇怪自己干嘛还活着。这就是一切。"

梁思成回忆说："在菜油灯下，做着孩子的布鞋，购买和烹调便宜的粗粮，我们过着我们父辈在他们十几岁时过的生活但又做着现代的工作。有时候对着外国杂志和看着现代化设施的彩色缤纷广告真像面对奇迹一样。"

用心感悟幸福，用平淡诠释生活

金岳霖曾这样概括那段时期的林徽因："她仍旧很忙，只是在这种闹哄哄的日子里更忙了。实际上她真是没有什么时间可以浪费，以致她有浪费掉生命的危险。"

很难想象，这是曾经的林徽因，她习惯了"天堂"式的生活，在"地狱"式的日子中也并没有倒下，而是坚持着走下来，一坚持就是整整6年。

而且，并不仅仅是平淡，还有危险。林徽因在给费慰梅夫妇的信中写道："日本鬼子的轰炸或歼击机的扫射都像是一阵暴雨。你只能咬紧牙关挺过去，在头顶还是在远处都一样，有一种让人呕吐的感觉，尤其是当一个人还没有吃过东西，而且今天很久都不会再吃任何东西，就是那种感觉。"

她承受住了这样的极限，能"咬紧牙关挺过去"。但她并不是全然将自己埋没于这些平淡中，她还要振作起来，不能让平淡吞噬了一切。

她总是把两间简陋的房子收拾得干干净净，她也经常会在窗台上的玻璃瓶里插上从田野里采来的鲜花，她与当地的百姓相处得极为和谐，他们总是愿意靠近她，并向她讲述他们的故事、分享他们的快乐，甚至时不时把他们所拥有的"稀缺物品"赠送给她。这样一来，看上去平淡得几乎让人窒息的生活又恢复了生机，为她那段人生增色不少。

是的，人生聚散无常，起落不定，或许今天繁华万千，明天平淡就会降临，如果只经得起繁华，却归不起平淡，那恐怕意味着将会有无尽的痛苦与挣扎来到你身边。

平淡才是人生最深的滋味

有位长者说："我们今生这几十年时间，各种人我是非，贡高我慢，无明烦恼，家庭纠纷等等，这一切的一切，都钻到我们的脑子里，挤得满满的。既然装得满满的，要再装什么，就装不进去了。"倘若我们的心附着在金钱、名位、幸福等繁华意象上，我们还怎能容得下平淡？

如果林徽因放不下繁华，放不下身段，恐怕她早就被那段痛苦的日子打倒了，又怎会拥有后来的辉煌？

在这个令人眼花缭乱的社会，我们很容易陷入迷茫中，甚至在亦步亦趋的模仿中迷失了自己。而事实上，越是在繁华的环境里，我们越要保持自己的本色，保持独立的自我。

其实所有的繁华到头来也终究是过往烟云，总有一些繁华舞池里的人，注定只是过客，无论舍得或是舍不得，那些曾经给我们掌声或者鲜花的身影都会渐行渐远。我们要经得起繁华，待烟花散去，就不要再执着于"镁光灯"下的精彩，否则我们是断然过不了平淡的日子的。

毕竟繁华的生活在我们的一生中还是不多的，更多的是平静安宁的生活，平平淡淡才是真。当繁华来了，我们不拒绝，好好享受，但要做到宠辱不惊。不迷恋繁华，当繁华落尽时，我们才能全身而退。把对繁华的渴求隐藏在心底，让一切慢慢沉淀在记忆里，因为我们永远清楚，平淡的生活才是常态，也只有在平淡中我们才能体会到生活中的美丽，也才能领略到繁华的精彩。

做个"经得起繁华，归得起平淡"的女人，始终有颗平淡而细腻的心，才能在平平淡淡的日子里享受每一份宁静的美丽。我们需明白，平淡永远是生活的真味，所以我们当知足，返璞归真，享受平淡的生活，因为快乐也正是来自心灵的宁静与充实，来源于繁华过后的平淡。

静思小语

做个"经得起繁华，归得起平淡"的女人，始终有颗平淡而细腻的心，才能在平平淡淡的日子里享受每一份宁静的美丽。我们需明白，平淡永远是生活的真味，所以我们当知足，返璞归真，享受平淡的生活。

阅读——做精致的女子

萧乾夫人、著名作家文洁若在《才貌是可以双全的——林徽因侧影》一文中说："林徽因是我平生见过的最令人神往的东方美人。她的美在于神韵——天生丽质和超人的才智与后天良好高深的教育相得益彰。"

她是一个精致的女子。

才华横溢，倾倒众生

主要从事女作家研究、女性文化名人研究的中国文化研究所研究员张红萍在《林徽因画传——一个纯美主义者的激情》一书中说："当朋友们散去之后，她的音容、表情，特别是她的观点、见解，让朋友们感慨不已。下一次朋友们又会为她的魅力、见解吸引而来，这些聚会几乎成了朋友们的精神食粮，成为这个小圈子的生活方式。去徽因的客厅聊天，意味着单调生活的中断，新的活力和激情的注入。生活中的一点点涟漪，让人们回味无穷。这样具有激情、才华、创造力的女子，在中国四平八稳的传统社会中，就像夜空中闪亮的星星，让人景仰、愉快、幻想。"

就是这样一个精致的女子，她用自己的无穷魅力吸引着一大群高端朋友。

张红萍又在书中写道："……等到周末，她把自己一周的趣闻、生活经历、工作情况、思考所得出的思想、阅读书籍的内容和感受讲给朋友们听。她从来没有把自己的时间浪费在无聊的事情上，也没有因为需要抚养儿女、支持丈夫、操持家务就放弃自己的专业和追求；也从没有忘记过自己心灵的追求；也没有屈服于社会、他人的舆论而放弃自己的生活方式。当别的女人不由自主地接受传统思想的熏陶束缚自己时，当别的女人心甘情愿地接受社会现实的安排，安于在家相夫教子时，她有意识地挣脱了男权社会安排给女人的命运和角色。当她与中国最优秀的男子高谈阔论的时候，当她的足迹踏遍祖国的山山水水，当她流连忘返于世界名胜古迹，当她奋笔疾书的时候，别的女人做着传统的女性角色要求于她们的毫无创造性的事情，屈服于生活，或喟叹自己的命运。"

一个精致的女子，总是能恰到好处地处理好各种关系与自己的各项事务，她总能守护住那个可爱的自我，总能遵循自己为自己制定的生命路线去生活。

金岳霖面对采访者如此坦言："我所有的话，都应该同她自己说，我不能（与别人）说，我没有机会同她自己说的话，我不愿意说，也不愿意有这种话。"这位默默爱了她一生的哲学家，对这样一个女子，有着太多太多的情愫，一个几近完美的形象，一直存在于他的内心深处。

林洙说："我从梁家出来感到既兴奋又新鲜。我承认，一个人瘦到她那样很难说是美人，但是即使到现在我仍旧认为，她是我一生中见到的最美、最有风度的女子。她的一举一动、一言一语都充满了美感，充满了生命力，充满了热情。她是语言艺术的大师，我不能想象她那瘦小的身躯怎么能迸发出那么强的光和热……"一个精致的女子是美的化身，她永远爱

　　一个精致的女子，总是能恰到好处地处理好各种关系与自己的各项事务，总能守护住那个可爱的自我，总能遵循自己为自己制定的生命路线去生活。

自己的生活，对生活永远充满热情。

学贯中西的林徽因总是根植于中国文化，从不崇洋媚外。她很早就在《窗子以外》里说过一句"洋鬼子们的浅薄千万学不得"，高尚的情操由此可见一斑。

而她身为一个建筑学家，却在文学方面有着卓越的成就，这的确是很稀有的。她一生主要有诗篇《你是人间四月天》《谁爱这不息的变幻》等几十首；短篇小说《窘》《九十九度中》等；话剧《梅真同他们》；散文《窗子以外》《一片阳光》等，遍及了多个领域。汪曾祺就曾称赞她："她是学建筑的，但是对文学的趣味极高，精于鉴赏，所写的诗和小说如《窗子以外》《九十九度中》，风格清泠，一时无二。"

这样一位女子，著作总量不大，但后人评价"几乎是篇篇珠玉"，她在文学创作上，把灵性发挥到了极致。

随着年龄的增长，女人的风姿就像是握在手里的沙，握得越紧，从指缝中流失得就越快。一个精致的女子，拥有一定的底蕴和魅力，于举手投足之间，从容、自信、淡泊油然而生。那是一种由内而外的气质。

做一个"内外兼修"的精致女子

精致的女子是一种柔到极致之后的成熟女子。

精致跟漂亮无关。漂亮的女人不一定是精致的女人，但精致的女人一定有着炫目的美，那种美在言谈举止之间。精致跟富贵无关。一个生活在上流社会的女人有时也会让人觉得俗不可耐，而一个寻常女子，也会由自身散发出来一种成熟和知性美。精致也并不是说外表的光华，更重要的是一种内在气质，它代表着一种雅致的心理状态和一种超然的坦荡心怀。

做精致的女子，我们要懂得如何安排生活和灵活处理生活中的各种关系，懂得规划人生，要给自己所爱的人和身边的朋友以和谐感、踏实感。

做精致的女子，我们当深深理解做女人的本分，承担好自己的责任与使命，要知道收放，懂得进退，还要知道如何打扮自己，不浓妆艳抹，当然，也不要素面朝天，让自信从外表到内心自然而然地流露出来。

做精致的女子，崇尚个性、简约自然大方，我们还要走在时尚的前沿，像林徽因一样，追求属于一个时代的时尚，不盲目跟风。我们坚守"清水出芙蓉，天然去雕饰"的初衷，绝不随波逐流。我们喜欢被人追逐，却从不哗众取宠，也不故作矜持。我们也可以有傲骨，可以崇尚物质，但从不拜金。可以自爱，但从不自恋，从不孤芳自赏。

做精致的女子，我们一定是内外兼修的。要有读书的好习惯，我们读书不为取悦男人，不为商场上的拼杀，也不为做官谋权，只是为我们的内涵注入活力，为了陶冶情操，提升我们的内在气质与涵养。我们不图著书立说，也不图满腹经纶，只图让自己变得更加知书达理，多一些淑女气息。

我们要自立自强，只管做好自己分内的事，不要抱怨生活的不公和他人的不是。我们也不要在男人面前唠叨生活中的不满，要永远珍惜生活，热爱生活，永远给别人以希望。

静思小语

我们要自立自强，只管做好自己分内的事，不要抱怨生活的不公和他人的不是。我们也不要在男人面前唠叨生活中的不满，要永远珍惜生活，热爱生活，永远给别人以希望。

纯美与现实之间的自在

林徽因活得是自在的，她说："我认定了生活本身原质是矛盾的，我只要生活；体验到极端的愉快，灵质的，透明的，美丽的近于神话理想的快活。""我的主义是要生活，没有情感的生活简直是死，生活必须体验丰富的情感，把自己变成丰富，宽大能优容，能了解，能同情种种'人性'。"这其实就是林徽因在纯美与现实之间的一种平衡。

做一个精神自由的人，内心永远不要屈服于世俗

有研究者这样描述林徽因和她的生活："她从来没有把自己的时间浪费在无聊的事情上，也没有因为需要抚养儿女、支持丈夫、操持家务就放弃自己的专业和追求；也从没有忘记过自己心灵的追求；也没有屈服于社会、他人的舆论而放弃自己的生活方式。"

她在做好一个妻子和母亲等角色的同时，从没有放弃对心灵的追求，她永远生活在自己定义的状态里，从不见风使舵，从不违背自己的处世原则。

　　文学上的林徽因，传递着一颗自由的心，而在现实中，她也难免要承受生活带来的苦痛。诸多家庭事务使她"精疲力竭"，但她仍觉得自己"实际上是一个快乐和幸福的人"，乐观得让人心生佩服之感。

　　林徽因在散文《窗子以外》中写道："所有的活动的颜色、声音、生的滋味，全在那里的，你并不是不能看到，只不过是永远地在你窗子以外罢了。……坐在窗子以内的，不是火车的窗子，汽车的窗子，就是客栈逆旅的窗子，再不然就是你自己无形中习惯的窗子，把你搁在里面。"林徽因笔下的"窗子"，其实就相当于一个"围城"。

　　任何人的生命中都有这样一个"窗子"，它对人生是一种限制和束缚，它在现实生活中为人们划定了有限的空间，也在精神上规划了一个领地，这个领地有时候就像一座监狱，它在一定程度上阻断了一个人对纯美世界的向往和追求。而林徽因，虽然和许多人一样，生活在窗内，却同时又向往着窗外世界的自由，她更渴望自己生活在窗外。

　　文学上的林徽因，传递着一颗自由的心，而在现实生活中，她也难免要承受苦痛，在给好友费慰梅的一封信中，她说："晚上就寝的时候我已精疲力竭，差不多希望我自己死掉或者根本没有降生在这样一个家庭，虽然我知道我实际上是一个快乐和幸福的人。"

　　虽然被家庭等诸多事务缠身，已致"精疲力竭"，但她"实际上是一个快乐和幸福的人"，因为她在精神上还是自由的。

　　林徽因有足够的理由放弃或者暂时放弃事业上的追求，从而让自己活得轻松一些，只是她不想放弃事业，她既追求自我实现又不得不忙碌于现实的无奈中。她当然无法做到不食人间烟火，更不可能超越她的时代和现实生活，所以必然会有烦恼和遗憾。

　　但这些都不重要，重要的是她不论在怎样的情况下，都是自在的。

在现实中追求自己纯美的理想

　　从1930年到1945年的15年时间，林徽因夫妻共同走了中国的15个省，200多个县，考察测绘了200多处古建筑物，她把建筑形容为"凝固的音乐""石头的史诗"。

林徽因曾对费正清、费慰梅说过这样一段话："佛教流入中国后，从星象来看，选择的就是佛塔的形式，因为在中国古代文化思想中，对于空间的理解，是空间与实体的辩证统一。高耸的形象，一方面有纪念色彩，在压倒人的心灵中来显示崇高。元代的塔，人情味的特色很浓，这种人情味，通过色彩和图案装饰体现出来，把艺术立足于一种宗教情感上，它有着深切的虔诚，正因为这样，艺术才愿意跟宗教携手而行。"

林徽因在考察中也会时不时地产生艺术创作的灵感，诗《山中》就是那样的产物，她写道：

紫色山头抱住红叶，将自己影射在山前，
人在小石桥上走过，渺小的追一点子想念。
高峰外云在深蓝天里镶白银色的光转，
用不着桥下黄叶，人在泉边，才记起夏天！
也不因一个人孤独的走路，路更蜿蜒，
短白墙房舍像画，仍画在山坳另一面，
只这丹红集叶替代人记忆失落的层翠，
深浅团抱这同一个山头，惆怅如薄层烟。
山中斜长条青影，如今红萝乱在四面，
百万落叶火焰在寻觅山石荆草边，
当时黄月下共坐天真的青年人情话，相信
那三两句长短，星子般仍挂秋风里不变。

这首诗，写出了一个身处现实世界的行路人却徜徉于自在自然中的感觉，那是一种纯美与现实之间的自在。

这是林徽因对纯美的看法和对一种唯美的向往，她的理解是深刻而有高度的。

其实早在林徽因去美国时，她对纯美与现实之间的自在就有着强烈的憧憬。

她说："开始我的姑姑阿姨们不肯让我到美国来。她们怕那些小野鸭子，也怕我受她们的影响，也变成像她们一样。我得承认刚开始的时候我认为她们很傻，但是后来当你已看透了表面的时候，你就会发现她们是世界上最好的伴侣。在中国，一个女孩子的价值完全取决于她的家庭，而在这里，有一种我所喜欢的民主精神。"在那个年代，对美国式的自由有着如此的见地，确实在一定程度上超越了那个时代对人的思想的束缚，也正是在美国的经历，为她追求自在的人生奠定了现实基础。

别忘了，你是个"精神单身"的女人

有人说："男人本来爱的是不食人间烟火的神仙女子，可最终娶的却是会做饭的女子，因为男人总要吃饭；女人心里爱的分明是满腹经纶的才子，可最后嫁给的男人却是财主，因为女人总要花钱。"正所谓"食色，性也"，我们都是饮食男女，不可能脱离现实的需求，但在骨子里一定是有美的追求的，一定是渴望自在的。

歌德说："哪个少男不钟情，哪个少女不怀春。"生活在现实中的我们都曾有过对美好情愫的梦想与追求，我们或许幻想过梦中情人的"高富帅"，幻想过他陪我们逛街的种种，幻想过他如何为我们搭建浪漫的爱情小屋，也或许曾经想象过某个电影或电视剧里的男一号走进了我们的情感世界，甚至和我们一起建立了家庭。

幻想中的我们一定是自在的，但结果往往是"梦想很丰富，现实很骨感"，我们不得不回到现实中，而现实却往往意味着"窗子"，是我们永远无法逾越的门坎。我们唯一能做的，就是像林徽因一样，诉求于纯美与

244

现实间的平衡中，以达到我们自在的目的。

比如，我们渴望浪漫，最后却一定会步入婚姻，不管我们的爱情结束与否，日子里一定是有"柴米油盐酱醋茶"的，一旦我们将身心都关注在锅碗瓢盆上，就永远不可能产生纯美的自在感。虽然我们立足于现实，但也可以超然于现实之上。我们姑且将柴米油盐视作一段段交响曲，把偶尔的争吵看作浪漫情感的润滑剂，在琐碎的事务中寻觅一份心灵的宁静。

有句话说得非常好："如果你是正确的，那么你的世界也将是正确的。"所以，我们不惧怕进入爱情的"窗子"，我们相信婚姻也可以是爱情的延续，一切都在于我们的内心，在于我们内心对事物的看法，只要我们的心是自在的，一切也都是自在的。

静思小语

我们不惧怕进入爱情的"窗子"，我们相信婚姻也可以是爱情的延续，一切都在于我们的内心，在于我们内心对事物的看法，只要我们的心是自在的，一切也都是自在的。

爱生活的高手

林徽因在流亡岁月中，虽然饱受颠沛流离之苦，却始终坚强乐观。当敌机天天在头顶盘旋的时候，她却始终没让理想和事业中断。虽然日子很苦很艰难，虽然始终病着，但她的眼睛里永远有光和希望。

虽然经历了那么多，虽然认识到了生活的真相，从一个才貌双全的小才女到雍容华贵的少妇，又到圆融丰厚的中年，历尽繁华与平淡的侵袭，但她依然热爱生活。

她是个爱生活的高手。

热爱生活，为家人树起希望

因为战争的原因离开北平时，林徽因的肺部已经产生了空洞，病痛开始向她"叫板"，甚至一个小小的感冒，都会引起严重的后果。此时的梁思成，脊椎软组织开始硬化，他只能每天在衬衣里穿着一副量身定做的铁架子，以支撑脊椎。

1937年的逃亡，林徽因一家好像在漫无目的地流浪，对于这段历史，林徽因写道："我们在令人绝望的情况下又重新上路。每天凌晨1点，摸黑抢着把我们少得可怜的行李和我们自己塞进长途车，到早上10点这辆车终于出发时，已经挤上27名旅客。这是个没有窗子、没有点火器、样样都没有的玩意儿，喘着粗气、摇摇晃晃、连一段平路都爬不动，更不用说又陡又险的山路了。"一路上林徽因上下舟车十余次，进出旅店二十多次，这种高密度的"折腾"，搁在常人身上也很难受得了，更何况拖着病体又劳累至极点的林徽因，但那时的她却依然保持着乐观的心态。

在生死关头，人们面对的可能是随时的生离死别，内心世界里更多的是郁闷，可在林徽因的家中，却时常环绕着嘹亮的歌声。

林徽因已经不再是她自己，她默默地承担着一个精神支柱的角色，她用自己的精神力量为家人们树立起了希望。

从上流社会瞬间走向底层的林徽因，没有放弃努力。为了每月挣四十块课时费，林徽因翻过四个山坡，穿梭在稀薄的空气中，去给云南大学的学生补习英语，每周上六节课，这意味着她每周必须六次面对生死考验。她所挣得的每一分钱，似乎都是用生命换来的。

林徽因在给费慰梅的信中写道："我喜欢听老金和奚若笑，这在某种程度上帮助我忍受这场战争。这说明我们毕竟是同一类人。"一个女人，承担了一般人不可承受的所有的轻与重，她在朋友那里获得了些许的慰藉，她努力从生活中寻找心灵的寄托。

"思成笑着，驼着背（现在他的背比以前更驼了），老金正要打开我们的小食橱找点东西吃，而孩子们，现在是五个——我们家两个，两个姓黄的，还有一个是思永（思成的弟弟）的。宝宝常常带着一副女孩子娴静的笑，长得越来越漂亮，而小弟是结实而又调皮，长着一对睁得大大的眼睛，他正好是我期望的男孩子，他真是一个艺术家，能精心地画出一些飞机、高射炮、战车和其他许许多多军事发明。"林徽因关注着所有的那些

　　林徽因是一个热爱生活的女子，她从不放弃希望，她
会从别人那里"借取"温暖来维持自己的希望，为困难中
的坚持增加一些能量和养料，从而不至于使它泯灭。

能够给她带来安慰的细节，她需要通过家庭的温暖来驱散心中的阴霾。

热爱生活的女人是家人幸福的源泉

一个热爱生活的女子，她从不放弃希望，她会从别人那里"借取"温暖来维持自己的希望，为困难中的坚持增加一些能量和养料，从而不至于使希望泯灭。

友人的探望也总能给她带来些许的阳光，林徽因和他们能在下午四五点钟聊天喝茶，虽然只是纯粹精神上的交流，但却为灰色的生活里注入了难得的色彩。对于一个爱生活的女子来说，这种战火洗礼下的朴素的友谊是弥足珍贵的。

尽管境况已经坏到几乎不能再坏，但仍不影响林徽因给孩子们读罗曼·罗兰的《米开朗琪罗传》和《贝多芬传》，她没有停止对孩子们的教育。

虽然时刻面临生死考验，历经艰辛，但林徽因依旧没有减退对生活的热情，甚至有了"一种螺旋式的上升"，对人间的苦与乐，有了更深刻的认知。

要成为一个爱生活的高手并不容易，因为我们常常乐于享受顺境时的生活，而到了逆境中或者不如意的时候，我们往往就会不再热爱生活，甚至会去抱怨种种不顺。

林徽因是中国近代社会中一个伟大的女性，她一直对生活充满了热爱之情。

在教堂婚礼上，牧师通常会说，某某，你是否愿意嫁给谁谁作为他的妻子，你是否愿意无论是顺境或逆境，富裕或贫穷，健康或疾病，快乐或忧愁，你都将毫无保留地爱他，对他忠诚，直到永远？也就是说，真正的爱，是无关乎"顺境或逆境，富裕或贫穷，健康或疾病，快乐或忧愁"

的。如果在顺境时爱，逆境时不爱，在富贵时爱，在贫穷时就不爱了，在健康时爱，疾病时就离开人家了，那绝对不是真爱。

有的女人整天乐滋滋地进进出出，脸上几乎看不到任何烦恼的痕迹，这样的女人一旦离开，家里顿时就失去了生机。而有的女人则天天冷着个脸，看谁都像欠她多少钱似的，总是把家里搞得死气沉沉，虽然一天到晚也是忙个不停，但家里没有她反而更清净。这就是热爱生活与不热爱生活的两种女人，她们对家庭生活的影响有着天壤之别。

一个热爱生活的女人是家人幸福的源泉，她是家里的希望，有她在家，家中总是充满笑声。

幸福就是先给自己的酒杯斟满快乐

热爱生活，是一种姿态，是女人对男人的承诺，是女儿对父母的承诺，是母亲对孩子的承诺，是朋友对朋友的承诺。

不管处在什么样的境况里，我们都要清楚自己该做什么，我们要永远掌握着生活的主动权，而不是任凭生活琐事把自己的热情消磨掉，也不要在不如意时埋怨丈夫不理解自己、抱怨上天的不公，这些都不是我们用冷淡态度对待生活的借口。

如果是我们做得不够好，是我们没有尽到自己的本分，我们是没有资格抱怨的。

我们一定要重视生活的质量，我们绝对不要以洗衣、做饭、养育孩子为由，理直气壮地扔给自己的男人一张"苦瓜脸"，因为我们角色范围内的付出不是我们提高身价的资本，更不是我们索要功劳的"成品"。做一个爱生活的高手，我们就不应该把家里搞得一团糟，也不能纵容自己以一副蓬头垢面的形象面对自己的家人和朋友。

无论什么时候，我们都要让自己充满活力与魅力，尤其是在竞争激烈、压力越来越大的当今社会。我们随时都可能会面对枯燥无味的家庭琐事，随时都有可能面临工作压力的增加，但无论如何都要杜绝病态心理的出现。

做一个热爱生活的女人，我们要懂得用平和的心态看待生活和生活中的每一件事，要用一颗平常心去对待身边的每一个人。

曾经有人这样说，美丽女人的一生就像一卷看不厌的风景画。二十岁，聪慧乖巧，清纯甜美。三十岁，妩媚动人，风情渐起。四十岁，庄重温婉，知性豁然。五十岁，香醇如酒，甘甜清明。可以说，女人在不同年龄时有不同的魅力，那么，什么样的女人最容易让男人爱上她呢？其实，无论处在哪个年龄段，只有热爱生活的女人才会永远有人疼、有人爱。

我们懂得生活的五彩缤纷，也要懂得生活的酸甜苦辣。爱生活的我们要更加珍视每一天，充实每一天，要唱着歌来，唱着歌走，让自己的心与春天同行。

静思小语

什么样的女人最容易让男人爱上她呢？其实，无论处在哪个年龄段，只有热爱生活的女人才会永远有人疼、有人爱。我们懂得生活的五彩缤纷，也要懂得生活的酸甜苦辣。

福佑儿女

林徽因的一生活得很精彩，她在教育儿女方面也是值得我们借鉴的。

为孩子营造一个温馨的童年

1937年，林徽因在写给女儿的信中说："现在我要告诉你，这一次日本人同我们闹什么。你知道他们老要我们的'华北'地方，这一次又是为了一点小事，就大出兵来打我们。我们希望不打仗事情就可以完，但是如果日本人要来占领北平，我们都愿意打仗，那时候，你就跟着大姑姑去她们那边，我们就守在北平，等到打胜了仗再说。我觉得现在我们做中国人，应该要顶勇敢，什么都不怕，什么都顶有决心才好。"

她首先是教育孩子要有骨气，然后要勇敢，这几句话很简单，却有着"岳母刺字"一般的意义，她在帮助孩子建立正确的价值观。

她说："你做一个小孩，现在顶要紧的是身体要好，读书要好，别的不用管。现在既然在海边，就痛痛快快地玩。你知道你妈妈同爹爹都顶平

252

安的，在北平不怕打仗，更不怕日本。"

一个优秀的妈妈当然懂得孩子处在他那个年龄段该做什么，什么才是他此时生命中的重点，她懂得鼓励孩子，给了孩子更多的安全感。

林徽因在外出考察时，在写给孩子的信中会画上考察地图，甚至为了不让孩子担心她，还画很精细的地图给再冰看，特别用心。

梁再冰回忆说："（昆明时）妈妈和爹爹为此拿出了全部积蓄，连外婆的一些首饰也搭上了，妈妈对房子进行了简单的装修，铺了粗木地板，在靠窗的墙上做了一个简单的小书架，下面的木凳上铺上一些饰布，妈妈常在家里陶质土罐中插大把的野花。"

那是他们一生中最艰难的日子，林徽因没有放弃希望，她给到孩子的是乐观和一些必要的生活情调。在梁再冰心中，那段困苦的经历却有了甜美的回忆："当时我就感觉那个房子非常温馨，舒服极了，那个时候我是不太注意这些事，什么建筑、装修，但是觉得我妈真神，怎么一下子就把这么一个破房子搞得这么舒服，这么可爱。"

给孩子最好的礼物就是榜样，林徽因做了儿女心中最好的榜样。有一个这样的母亲，孩子怎么会有逆反心理呢？

儿子梁从诫回忆道："在这间可爱的小小起居室里，妈妈在煤油灯下为我们讲解庄子《解牛篇》和《唐雎不辱使命》，教我们读了很多李白、杜甫的诗，特别是杜甫在四川写的诗，感觉很接近……妈妈经常带我们去邻近的瓦窑村，看老师傅在转盘上用窑泥制各种陶盆瓦罐，她对师傅手下瞬间出现的美妙造型总是赞不绝口，大呼小叫的要师傅'快停，快停'，但老师傅根本不睬这个疯疯癫癫的外省女人，不动声色地照样捽他的——痰盂。妈妈后来每次讲起，总是乐不可支。"

老祖宗的东西是绝对不可以丢掉的，林徽因在那样的情况下居然还能教孩子们学习中国传统文化，那也的确是孩子们的福气。林徽因拥有一颗打不败的童心，使她的心能够与儿女牢牢地系在一处，加上她的乐观，使她成了儿女心中不灭的太阳。

指导孩子去做，不要替他去做

1940年，女儿梁再冰在日记中说："下午妈躺在外面晒太阳，样子很快活，她问我功课完了没有，我说，完了。其实我只做了日记，什么也没做。她平常很少问我功课，因为她信任我，我却利用她（的信任）来骗她，唉，我真不该！我想去做功课但《七侠五义》迷住了我，我想收心，但收不回……当时我妈大概希望我能够主动给她当个小帮手，帮她一点忙，我就老爱看书，爱看小说。"

我们在忙碌的时候，可能都希望孩子能帮上一点小忙，但孩子总是调皮的，遇到这样的情况，母亲或许会变得很生气，甚至指责孩子。但林徽因的做法却很独到，她给整日埋头看小说的女儿画了一幅漫画，题写——"喜欢读书的你必须记着，同这个漫画隔着相当的距离，否则，最低限度，我一定不会有一个女婿的！"真的是好可爱，令我们想到她的思维总是和孩子处在同一个频率上，而不是用大人的口吻去要求孩子。

这就很容易让孩子接受，她自己就会反省，而且我们都知道，指责往往于事无补，还会招致孩子的反感。

梁再冰说："她这位母亲，几乎从未给我们讲过小白兔、大灰狼之类的故事，除了给我们买大量的书要我们自己去读外，就是以她的作品和对文学的理解来代替稚气的童话，像对成人一样来陶冶我们幼小的心灵。"

无疑，这位母亲给了孩子正确的位置，她只是负责给孩子指引一些方向，让他们从小就知道做自己该做的事情，而不是像很多母亲那样，总是替代孩子做一些事情，以至于孩子认为那是妈妈该做的，而不去承担自己应该承担的责任和义务。

梁再冰在《我的妈妈林徽因》中说："我的妈妈是一个不大寻常的母

亲。像所有的妈妈一样，她爱自己的女儿，但她给我的爱可能比一个普通的妈妈更多、更深；她是我的第一个老师，领着我从少不更事走到长大成人，但她以自己的文化修养和学识留给我的精神财富，远比其他任何老师留给我的要丰富、持久；她也是我的朋友，是我最早和最特殊的朋友，同其他朋友相比，她是一个更能给我以支持、启发和鼓励的朋友。"

一个母亲，能取得孩子的如此认可，的确不容易。孩子能认为她是个出色的母亲，林徽因已经是很大的成功了，而孩子却认为她不光是个好母亲，还是自己的人生的导师、朋友，这就塑造了她伟大母亲的光辉形象。

你不光是母亲，还是子女的人生导师

"子不教，父之过。"孩子缺乏良好的教养，也往往是母亲的责任。

给孩子饭吃，他会长大，传授给孩子正确的观念，他会长得伟大。林徽因就是一个给了孩子正确观念的母亲。我们也常听人说，一个手巧的母亲可能会有一个手笨的女儿，而一个母亲如果不是那么手巧，她的女儿可能会是一个手很巧的孩子。因为孩子小的时候，母亲总是喜欢替代孩子的一些行为，比如孩子摔倒了，本来应该是他自己学着站起来，但母亲迫不及待地就跑去扶他了，久而久之，孩子就会认为母亲扶他起来是应该的，而自己站起来是不应该的，这样的孩子在长大之后不易承担责任。这就是母亲的过错。

梁再冰说："我……变成了妈妈的朋友，妈妈在同朋友相处时，无论对方为何人，都是平等相待的。于是，我在不知不觉中追随着阅读范围和思索路线，同她一起进入了一个比我的日常生活广阔得多的世界。"

可见孩子不是听我们说什么，重要的是他会看我们做什么，所以我们不可以说一套做一套，一定要言行一致，给孩子做最好的榜样。

当然，还有一个非常重要的观念："言教不如身教，身教不如境教"，人都是环境的产物，我们需要给孩子营造一个好的环境，在潜移默化中去影响孩子，让孩子幼小的心灵获得一些自觉的意识和行为，这样时间久了，孩子就会养成良好的行为习惯。

命好不如习惯好，能让孩子养成好的习惯是父母一生最大的福气。

高尔基说："爱孩子，这是连母鸡都会的，但教育好孩子却是一门艺术。"爱孩子需要有丰富的知识、有正确的观念，否则就有可能让爱变成一种伤害。

尤其是独生子女，他们的母亲更容易"过分地爱"孩子，从而剥夺了他们很多的体验权和自由空间。有孩子说："我不是不爱我的父母，我知道他们很爱我，但那种爱里没有自由、没有尊重、没有犯错的空间。"诚如前苏联著名教育实践家和教育理论家苏霍姆林斯基所说："在没有明智的家庭教育的地方，父母对孩子的爱只能使孩子畸形地发展。这种变态的爱有许多种，其中主要有骄纵的爱、专横的爱、赎买式的爱。"

爱孩子需要知识。只有父母好好学习，孩子才能天天向上。在资讯日益发达的今天，母亲更应该努力学习并提升自己，这样才能有更好的观念去引导孩子走出一条光明的人生道路。

静思
小语

高尔基说："爱孩子，这是连母鸡都会的，但教育好孩子却是一门艺术。"爱孩子需要有丰富的知识、有正确的观念，否则就有可能让爱变成一种伤害。

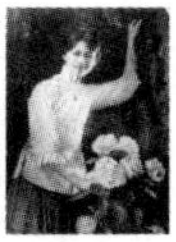 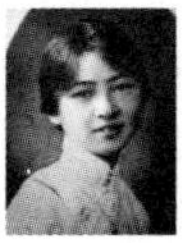 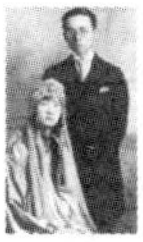 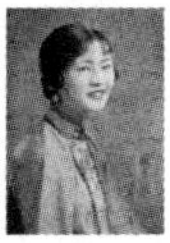 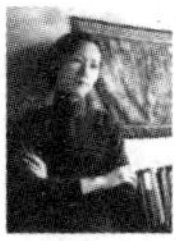 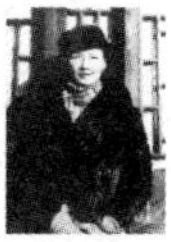

后记

　　每一部著作的完成都离不开多人的努力和艰苦而可贵的劳动。阅读是一种享受，写作这样一本书的过程更是一种享受。

　　本书在策划和写作过程中，得到了许多同行的关怀与帮助，也得到了许多老师的大力支持，在此向他们致以诚挚的谢意：于海州、刘杨、李月玲、周成功、卫海霞、王丽娟、刘蕾、桓浩然、代滢、陈小立、张春孝、侯艳燕等。

　　本书在写作过程中，参考了大量的文献和作品，也借鉴了他人的智慧精华。在此谨向各位专家、学者致以真挚的谢意。因为创作和出版时间仓促，以及作者水平所限，书中不足之处在所难免，诚请广大读者批评指正。

做林徽因这样的女人